U0294113

"十三五"国家重点图书出版规划项目

中国特色畜禽遗传资源保护与利用丛书

龙陵黄山羊

毛华明　杨庆然　主编

中国农业出版社

北　京

图书在版编目（CIP）数据

龙陵黄山羊 / 毛华明，杨庆然主编 . —北京：中
国农业出版社，2020.1
（中国特色畜禽遗传资源保护与利用丛书）
国家出版基金项目
ISBN 978-7-109-26732-9

Ⅰ．①龙…　Ⅱ．①毛…②杨…　Ⅲ．①山羊－饲养管
理　Ⅳ．①S827

中国版本图书馆 CIP 数据核字（2020）第 052835 号

内容提要：龙陵黄山羊主产于云南省保山市龙陵县。龙陵人对羊肉品质有着"一黄、二黑、三花、四白"的坚定信念，经过近一个世纪的努力，培育出了屠宰率、产肉率高、肉香浓郁、肉质细嫩多汁、膻味小的优秀龙陵黄山羊地方品种。龙陵黄山羊 1987 年录入《云南省家畜家禽品种志》，2009 年录入《中国畜禽遗传资源志·羊志》，2014 年列入《国家级畜禽遗传资源保护名录》，是云南六大名羊之一。

本书系统地介绍了龙陵黄山羊的起源与培育过程、品种特征与生产性能、品种保护与选育提高、饲养管理与特色产业打造等，可为从事龙陵黄山羊教学、研发、饲养、产品加工的人员提供参考。

中国农业出版社出版

地址：北京市朝阳区麦子店街 18 号楼
邮编：100125
责任编辑：王森鹤
版式设计：杨　婧　责任校对：赵　硕
印刷：北京通州皇家印刷厂
版次：2020 年 1 月第 1 版
印次：2020 年 1 月北京第 1 次印刷
发行：新华书店北京发行所
开本：720mm×960mm　1/16
印张：8.25
字数：140 千字
定价：60.00 元

版权所有·侵权必究
凡购买本社图书，如有印装质量问题，我社负责调换。
服务电话：010 - 59195115　010 - 59194918

丛书编委会

主　　任　张延秋　王宗礼

副 主 任　吴常信　黄路生　时建忠　孙好勤　赵立山

委　　员（按姓氏笔画排序）

王宗礼　石　巍　田可川　芒　来　朱满兴

刘长春　孙好勤　李发弟　李俊雅　杨　宁

时建忠　吴常信　邹　奎　邹剑敏　张延秋

张胜利　张桂香　陈瑶生　周晓鹏　赵立山

姚新奎　郭永立　黄向阳　黄路生　颜景辰

潘玉春　薛运波　魏海军

执行委员　张桂香　黄向阳

本书编写人员

主　编　毛华明　杨庆然

副主编　赵国荣　顾招兵　杨建发　李　清　杨舒黎

　　　　　王永必　项　勋

参　编　（按姓氏笔画排序）

　　　　　王从艳　王自广　王庭波　全　伟　闫能良

　　　　　孙定留　孙祥吉　杨光周　杨明富　杨荣凡

　　　　　杨根荣　杨恩富　杨常增　杨维林　杨新周

　　　　　李永济　李朝波　何新华　张家押　张继平

　　　　　陆德龙　陈　滔　陈有坤　欧积能　罗应华

　　　　　郑庆维　赵永达　赵其毅　段生庆　袁加义

　　　　　聂根兰　黄有安　梅洪伟　鲁琼芬

　　我国是世界上畜禽遗传资源最为丰富的国家之一。多样化的地理生态环境、长期的自然选择和人工选育，造就了众多体型外貌各异、经济性状各具特色的畜禽遗传资源。入选《中国畜禽遗传资源志》的地方畜禽品种达500多个、自主培育品种达100多个，保护、利用好我国畜禽遗传资源是一项宏伟的事业。

　　国以农为本，农以种为先。习近平总书记高度重视种业的安全与发展问题，曾在多个场合反复强调，"要下决心把民族种业搞上去，抓紧培育具有自主知识产权的优良品种，从源头上保障国家粮食安全"。近年来，我国畜禽遗传资源保护与利用工作加快推进，成效斐然：完成了新中国成立以来第二次全国畜禽遗传资源调查；颁布实施了《中华人民共和国畜牧法》及配套规章；发布了国家级、省级畜禽遗传资源保护名录；资源保护条件能力建设不断提升，支持建设了一大批保种场、保护区和基因库；种质创制推陈出新，培育出一批生产性能优越、市场广泛认可的畜禽新品种和配套系，取得了显著的经济效益和社会效益，为畜牧业发展和农牧民脱贫增收作出了重要贡献。然而，目前我国系统、全面地介绍单一地方畜禽遗传资源的出版物极少，这与我国作为世界畜禽遗传资源大

1

国的地位极不相称，不利于优良地方畜禽遗传资源的合理保护和科学开发利用，也不利于加快推进现代畜禽种业建设。

为普及对畜禽遗传资源保护与开发利用的技术指导，助力做大做强优势特色畜牧产业，抢占种质科技的战略制高点，在农业农村部种业管理司领导下，由全国畜牧总站策划、中国农业出版社出版了这套"中国特色畜禽遗传资源保护与利用丛书"。该丛书立足于全国畜禽遗传资源保护与利用工作的宏观布局，组织以国家畜禽遗传资源委员会专家、各地方畜禽品种保护与利用从业专家为主体的作者队伍，以每个畜禽品种作为独立分册，收集汇编了各品种在管、产、学、研、用等相关行业中积累形成的数据和资料，集中展现了畜禽遗传资源领域最新的科技知识、实践经验、技术进展与成果。该丛书覆盖面广、内容丰富、权威性高、实用性强，既可为加强畜禽遗传资源保护、促进资源开发利用、制定产业发展相关规划等提供科学依据，也可作为广大畜牧从业者、科研教学工作者的作业指导书和参考工具书，学术与实用价值兼备。

丛书编委会

2019 年 12 月

序言

　　我国是世界畜禽遗传资源大国，具有数量众多、各具特色的畜禽遗传资源。这些丰富的畜禽遗传资源是畜禽育种事业和畜牧业持续健康发展的物质基础，是国家食物安全和经济产业安全的重要保障。

　　随着经济社会的发展，人们对畜禽遗传资源认识的深入，特色畜禽遗传资源的保护与开发利用日益受到国家重视和全社会关注。切实做好畜禽遗传资源保护与利用，进一步发挥我国特色畜禽遗传资源在育种事业和畜牧业生产中的作用，还需要科学系统的技术支持。

　　"中国特色畜禽遗传资源保护与利用丛书"是一套系统总结、翔实阐述我国优良畜禽遗传资源的科技著作。丛书选取一批特性突出、研究深入、开发成效明显、对促进地方经济发展意义重大的地方畜禽品种和自主培育品种，以每个品种作为独立分册，系统全面地介绍了品种的历史渊源、特征特性、保种选育、营养需要、饲养管理、疫病防治、利用开发、品牌建设等内容，有些品种还附录了相关标准与技术规范、产业化开发模式等资料。丛书可为大专院校、科研单位和畜牧从业者提供有益学习和参考，对于进一步加强畜禽遗传资源保护，促进资源可持续利用，加快现代畜禽种业建设，助力特色畜牧业发展等都具有重要价值。

中国科学院院士
中国农业大学教授　吴常信

2019 年 12 月

前言

龙陵县草地类型多样、面积大，山羊养殖历史悠久，在当地占有十分重要的地位。1980年前后，云南省畜牧兽医局组织开展了全省畜禽资源调查，在龙陵县发现了毛色以黄褐色为主、生产性能优良的地方山羊品种，并最终将其定名为"龙陵黄山羊"。

龙陵县畜牧兽医局从1982年开始组建核心保种群和扩繁群至今，坚持不懈地开展龙陵黄山羊的选育提升。在各级政府和畜牧兽医、科技主管部门的大力支持下，主要依托云南农业大学和云南省畜牧兽医科学院，经过30余年的努力，最终培育出了屠宰率、产肉率高，肉香浓郁、肉质细嫩多汁、膻味小的优秀龙陵黄山羊地方品种。龙陵黄山羊1987年录入《云南省家畜家禽品种志》，2009年录入《中国畜禽遗传资源志·羊志》，2014年列入《国家级畜禽遗传资源保护名录》，成为云南六大名羊之一。

因为龙陵黄山羊适应性强，所以饲养量不断增加，推广范围不断扩大。1980年龙陵县的龙陵黄山羊存栏4.5万只，至2016年存栏17万余只，出栏约16万只，能繁母羊存栏达9万只，种公羊存栏1万只。龙陵黄山羊最早主要饲养在高寒山区，随着林地保护力度的加强，逐渐向低热河谷区域发展，生产性能表现更好。目前，云南省各地均引入了龙陵黄山羊进行饲养，表现均佳。饲养龙陵黄山羊已经成为山区农民脱贫致富的重要途径。

本书是由云南农业大学和龙陵县畜牧兽医科技人员共同撰写而成，系统地介绍了龙陵黄山羊的起源与培育过程、品种特征与生产性能、品种保护与选育提高、饲养管理与特色产业打造等，可为从事龙陵黄山羊教学、研发、饲养、产品加工的人员提供参考。

由于对龙陵黄山羊的研发仍然不够深入，加之编者水平有限，纰漏之处在所难免，恳请读者批评指正。

编　者

2019 年 6 月

目录

第一章

龙陵黄山羊起源与形成过程

第一节 龙陵黄山羊产区自然生态条件

一、龙陵黄山羊产地及分布范围

龙陵黄山羊主产于云南省保山市龙陵县，与龙陵县接壤的腾冲市及德宏州芒市部分地区亦有少量分布，云南省其他地区有不同程度的引种。云南省龙陵黄山羊存栏约 20 万只，其中，龙陵县存栏 17.018 9 万只，十个乡镇均有分布，具体分布情况见表 1-1。

表 1-1 2016 年年底龙陵黄山羊在龙陵县各乡镇的存栏情况（只）

乡镇	存栏量	乡镇	存栏量
碧寨乡	63 495	镇安镇	12 500
象达镇	19 220	龙山镇	10 815
木城乡	15 687	龙新乡	9 358
平达乡	13 500	龙江乡	6 884
腊勐镇	12 930	勐糯镇	5 800

龙陵黄山羊无论对高寒山区，还是对低热河谷地区均有较强的适应性，其在山区面积较大的碧寨乡、象达镇、木城乡及平达乡等存栏量较大。近年来，由于林权进一步深化改革及经济林果的栽种面积不断增加等原因，龙陵黄山羊的养殖逐步由山区向怒江、龙川江流域等饲草饲料丰富的区域发展，山区饲养量逐渐减少，而坝区及热区的存栏量逐步增加，且龙陵黄山羊在低热河谷地区生产性能表现更好。

1

二、主产区自然生态条件

（一）地理位置和行政区划

龙陵县位于云南西部边陲，地处东经 98°25′—99°11′，北纬 24°07′—24°51′，东部和南部与施甸县、永德县、镇康县隔怒江相望，西接芒市，北与腾冲市、隆阳区接壤。东西宽 64 km，南北长 78 km，全县国土总面积 2 884 km²，辖 5 镇 5 乡，116 个村民委员会、5 个社区，1 642 个村民小组，1 143 个自然村。2016 年全县有 96 864 户，总人口 300 159 人，其中：农业人口 245 539 人，非农业人口 54 620 人。

（二）地形地貌

龙陵县地处滇西横断山脉高黎贡山南延部。高黎贡山北连青藏高原，南接中南半岛，北段较高，海拔在 4 000 m 以上，进入龙陵境内，地势逐渐变缓，尾端海拔约 2 000 m。高黎贡山无论是在气象学还是生物学上，都具有从北到南的过渡特征，蕴藏着极为丰富的动植物资源，被称为"东亚植物区系的摇篮""哺乳动物祖先的发源地"等。

龙陵县北部、南部为爪状山，自西向东横断，由于地层连续性差，多被断裂河流破坏，伴有大量不同时期岩浆侵入，怒江沿岸为多泥灰岩、灰岩及粉质岩；河谷盆地多冲积岩；中部为多页岩、变质岩，中西北部为花岗岩。余脉诸山纵横全境，形成较多褶皱，断裂等复杂地形地貌，具有山高谷深，山系河流相间并列的特点。各主山脉从东北向东南呈帚状撒开，形成北部和中部地势较高，东南部地势较低，境内最高海拔 3 001.6 m（大雪山主峰），最低海拔 535 m（万马河口），相对高差 2 466.6 m。

（三）河流水系

龙陵县境内主要有两条水系，怒江和龙川江水系。县境东部及南部河流属怒江水系，西北部为龙川江水系。怒江在龙陵县境内全长 152 km，入境最低海拔 650 m（勐梅河口），出境最低海拔 535 m（万马河口），高差 115 m，江流坡度 0.8 m/km。县境内怒江流域一级支流有苏帕河、勐梅河、公养河、绿根河、平达河、堵墩河、赧亢河等 13 条，总长约 272.2 km，径流面积 1 766 km²，多年平均径流总量为 19.48 亿 m^3，其中径流面积 100 km^2 以上的有 4 条。怒江沿岸多为北亚热带气候。

龙川江在龙陵县境内全长约 55 km，从坝哈田西侧入境，海拔 1 200 m，出境海拔 920 m，高差 280 m，江流坡度为 5 m/km。县内属龙川江水系河流有 5 条，总长约 107 km，径流面积 371 km^2，年总水量 5.26 亿 m^3。龙川江沿岸为南亚热带气候。

(四) 气候条件

龙陵地处高黎贡山山脉南段迎风坡，气候类型属亚热带低纬度高原季风气候。受印度洋、太平洋暖湿气流及地势起伏、山峦交错的影响，形成明显的"立体气候"。年平均气温 14.9℃，最热月份（6—7 月）平均气温 19.8℃，极端高温 31.0℃，最冷月份（1 月）平均气温 7.4℃，极端低温 -4.8℃，≥10.0℃ 年积温为 4 659.5℃。年平均降水量 2 101.8 mm，6—9 月为雨季，降雨集中，5—10 月降水量占全年降水量的 88.5%，11 月至次年 4 月降水量占全年降水量的 11.5%，年蒸发量 1 465.0 mm。

(五) 土壤条件

龙陵县由于地势高低悬殊，在生物气候等自然因素的作用下，土壤类型多样，具有垂直和相性分布明显的特点，主要分属 8 个类型：①分布于海拔 900 m 以下的为燥红土；②分布于海拔 900～1 300 m 的为砖红壤；③分布于海拔 1 300～1 700 m 的为红壤；④分布于海拔 1 700～2 100 m 的为黄壤；⑤分布于海拔 2 100～2 700 m 的为黄棕壤；⑥分布于海拔 2 700～3 000 m 的为棕壤；⑦分布于海拔 1 200～1 500 m 的为石灰土；⑧分布于海拔 1 400～2 200 m 的为紫色土。

(六) 草原植被及饲草生产状况

龙陵县有草原总面积 7.912 万 hm^2，可利用草原面积 5.222 万 hm^2，其中暖性草丛类草原约 0.127 万 hm^2，暖性灌草丛类草原约 2.121 万 hm^2，热性草丛类草原约 0.113 万 hm^2，热性灌草丛类草原 2.23 万 hm^2，干热稀树灌草丛类草原约 0.631 万 hm^2。森林覆盖率达 70.08%，地表植被丰富，有药用植物资源 378 种，其中常用中草药 168 种；主要牧草品种有画眉草、细柄草、短柄草、地毯草、硬秆子草、莨草、石芒草、西南知风草、四脉金茅、扭黄茅、狗尾草、决明等 400 多种。至 2016 年年底，累计人工草地种植面积达 0.899 万 hm²，改良草地约 0.273 万 hm²，每 667m² 天然草原产草量 400 kg。每年农田种草超过 0.27 万 hm²，主要种植品种为一年生多花黑麦草，草产量为每公顷 120 t；多年生人工牧草种植 0.067 万 hm²，主要牧草品种组合为多年生黑麦草、鸭茅、非洲狗尾草、白三叶、红三叶，鲜草产量为每公顷 27 t。全县农作物秸秆产量 40 万 t，以稻草、玉米、小麦、豆类、薯类、甘蔗梢为主，秸秆加工总量为 11.51 万 t，其中青贮秸秆总量为 9.95 万 t，氨化秸秆总量为 1.56 万 t。草原合理载畜量为 32.89 万个羊单位，实施草原补奖政策后，天然草原载畜量基本实现草畜平衡。

第二节　龙陵黄山羊产区社会经济变迁与文化

一、社会经济变迁

龙陵县是典型的山区农业县，长期以来工业欠发达。2010 年全县实现生产总值 34.87 亿元，一二三产业产值比为 32.6∶41.6∶25.8。城镇居民人均可支配收入 14 794 元；农民人均纯收入 4 044 元。一般贸易出口总额 300 万美元。

2015 年，全县实现生产总值 60.82 亿元，其中：第一产业 18.58 亿元、第二产业 25.34 亿元、第三产业 16.90 亿元。一二三产业对经济增长的贡献率分别为 14%、56.2%和 29.8%。实现工业增加值 19.65 亿元，对经济增长的贡献率为 42.7%；建筑业增加值 5.70 亿元，对经济增长的贡献率为 13.5%。

2016 年，全县实现生产总值 68.6 亿元，人均生产总值 23 900 元。完成一般公共预算收入 5.37 亿元，完成社会消费品零售总额 14.8 亿元。实现城、乡常住居民人均可支配收入分别为 24 260 元和 8 900 元，一二三产业结构调整为 29.6∶40.2∶30.2。金融机构存、贷款余额分别为 95.6 亿元和 49.2 亿元。

"十一五"末期龙陵黄山羊的存栏量为 7 万只，出栏 3.5 万只，产量 867 t，产值 0.27 亿元。"十二五"末期龙陵黄山羊的存栏量为 15.85 万只，出栏

15.42万只，产量2 700 t，产值0.89亿元，分别比"十一五"年递增17.8%、34.5%、25.5%、26.9%；"十三五"末期龙陵黄山羊的存栏量为25万只，出栏20万只，产量3 800 t，产值1.8亿元，分别比"十二五"年递增9.5%、5.3%、7.1%、15.1%。

二、龙陵黄山羊与文化

（一）饮食文化

据《龙陵县志》记载，民国时期广大农户就有饲养黄山羊的习惯。在社会发展进程中，人们发现龙陵黄山羊羊肉较牛肉的肉质更加细嫩，味道更加鲜美香浓，且容易消化，是冬季防寒滋补的理想食材。

龙陵县境内居住着汉族、傈僳族、彝族、傣族、阿昌族等23个民族，各民族在婚庆、播种、收获、祭祀等活动中均有宰杀黄山羊的习惯，而且各民族对黄山羊的吃法各有不同。汉族、傈僳族、彝族以全羊席为主；傣族、阿昌族以凉拌、酸辣吃肉为主。为了传承黄山羊饮食文化，21世纪初云南龙陵济宽黄山羊有限责任公司应运而生，建成了龙陵黄山羊精品农业庄园和黄山羊饮食文化中心——品膳园。

（二）祭祀文化

龙陵民间自古以来就有用龙陵黄山羊做祭品的习俗，以图吉利。羊（扬），吉利向上之意，每逢家族祭祀、部落庙会等活动，主事人都会选择全身被毛金黄、四肢健壮、羊角端正的龙陵黄山羊公羊，宰杀去毛后，让羊口衔鲜花，面向神龛，大家虔诚跪拜，祈求家族和部落五谷丰登，六畜兴旺，风调雨顺，平安大吉。

（三）家具文化

象达八仙桌是龙陵县的传统家具之一，自明清盛行至今，具有浓郁的地方特色，其加工工艺已列入象达镇非物质文化遗产。象达八仙桌的雕花图案不但精致美观，而且富有灵气，特别是象达大中寨"朱五师傅"的高、矮八仙桌的"十二生肖"雕刻，更是一绝，其手工雕刻的黄山羊活灵活现，栩栩如生，赋予了龙陵黄山羊新的生命（图1-1）。

图 1-1　八仙桌龙陵黄山羊图案

（四）龙陵黄山羊选美

　　云南龙陵济宽黄山羊有限责任公司于 2015 年 9 月在木城彝族傈僳族乡乌木寨村举办龙陵黄山羊选美大赛，选出具有典型龙陵黄山羊外貌特征、个体大、繁殖性能好的龙陵黄山羊。经过外观评定及体尺、体重测量等多个环节，分别选出公、母羊的冠、亚、季军。选出的龙陵黄山羊冠军，公羊威武雄壮，母羊端庄秀丽（图 1-2）。选美活动的开展不仅加大了龙陵黄山羊的宣传，同时也促进了龙陵黄山羊的选育提高。

图 1-2　龙陵黄山羊选美比赛（种公羊、种母羊冠军）

（五）宣传推广

1998 年龙陵县畜牧局制作了《云南种羊基地——肉用龙陵黄山羊良种基地》宣传册 25 000 份，系统地宣传了龙陵黄山羊的品种特点。

2013 年 1 月 24 日，中央电视台 CCTV7 的《农广天地》栏目对龙陵黄山羊进行了专题报道。

2015 年春节，保山广播电视台开辟了《金羊开泰羊年说羊》春节特别节目第一集《金羊迎春》；2015 年 9 月 10 日，中央电视台 CCTV7《农经》栏目对黄山羊做了专题报道；12 月 25 日，在保山市茂华义乌国际商贸城举办的主题为"舌尖上的保山，美食中的天堂"的第一届美食文化节上，对龙陵黄山羊进行了宣传。

2016 年 1 月，保山电视台《纪录》频道播出了《"会跑的黄金"——龙陵黄山羊》（上、下集）；4 月 13 日，在昆明市"魅力彩云南、特色云系列"之"生态云牧篇"新闻发布会上，对龙陵黄山羊进行了宣传；5 月，龙陵县畜牧兽医局制作了《云岭高原第一羊——龙陵黄山羊》宣传册 20 000 册，全面地从龙陵黄山羊的品种形成、良种繁育基地建设、产业化发展、饮食文化、成绩与荣誉等方面进行宣传；6 月，龙陵县邀请竞走奥运冠军陈定与龙陵黄山羊进行比赛，利用名人效应，极大地丰富了龙陵黄山羊的文化内涵，赋予了龙陵黄山羊特殊的魅力，促进了对龙陵黄山羊的宣传。

2017 年 2 月 21 日，中央电视台 CCTV7《农广天地》栏目对龙陵黄山羊做了报道专题。

图 1-3　竞走奥运冠军陈定与龙陵黄山羊比赛

第三节　龙陵黄山羊形成过程

一、龙陵黄山羊起源

龙陵县养殖黄山羊的历史悠久。据《龙陵县志》记载，民国时期木城乡、象达镇、龙新乡、平达乡等地的农户就有饲养黄山羊的习惯，是家庭经济收入的重要来源之一，也是农业生产所需有机肥的重要来源。养羊与当地群众的生产、生活密切相关，成为龙陵黄山羊赖以生存和发展的社会条件。龙陵山羊的毛色原以黑色和黄褐色两种颜色为主，但龙陵人钟爱"黄色"，认为黄色象征喜悦、希望、光明和富贵，由于受这种地缘文化的影响，农户更加喜欢选择毛色为黄褐色的羊留种。当地人还普遍认为山羊肉质与毛色有关，认为黄色山羊肉质最佳，白色山羊肉质最差，通过实践发现，毛色为黄褐色的山羊要比毛色为黑色的山羊膻味小。因此，农户有意把被毛为黄褐色或褐色的羊留作种用，沟汰了其他毛色的羊，长此以往，就形成了毛色一致的龙陵黄山羊群体。

龙陵黄山羊是在龙陵当地特殊的自然环境及社会经济条件下，经过长期自然选择和人工选择形成的优良地方山羊品种。在 1979 年 9 月至 1980 年 9 月开展的保山地区畜禽品种资源调查过程中，因该品种具有独特的外貌特征和优良的生产性能，并因其被毛呈黄褐色或褐色，被正式命名为"龙陵黄山羊"。1981 年 2 月，龙陵黄山羊载入《保山地区畜禽品种志》。

二、龙陵黄山羊培育过程

龙陵县长期坚持龙陵黄山羊的保种选育工作，1982 年，分别在象达镇的勐蚌村，木城乡的乌木寨村，龙新乡的黑山村、绕廊村，碧寨乡的天宁村，龙山镇的杨梅山村，建立了保种核心群 6 群，种羊 240 只，其中种公羊 36 只，能繁母羊 204 只，并围绕核心群建立繁殖群 19 群，共有种羊 525 只，其中种公羊 38 只，能繁殖母羊 487 只。

1987 年，龙陵县畜牧兽医局通过调查，发现黄山羊在羊群中的比例由 20 世纪 70 年代末期的 50% 下降到 27.2%，成年母羊体重下降到 31.73 kg，下降了 26.2%，成年公羊体重为 34.4 kg，下降了 29.7%，黄山羊的保种、选育提高工作迫在眉睫。于是龙陵县在龙新乡的绕廊村，东部的碧寨乡天宁村，南部的木城乡乌木寨村，西部的龙山镇河头村，北部的镇安镇淘金河村分别组建 5 个保种核心群，每群种羊 40 只，其中种公羊 8 只，种母羊 32 只，选育过程中实行家系等数留种，并划定繁育区。将保种核心群驻地及其附近山羊存栏较多的村公所划为繁育区，共组建 19 个繁育群，每群饲养龙陵黄山羊 50 只，共 950 只。繁育群公羊由核心群供给，母羊就地选取。通过选育，羔羊的初生重和成年羊体重得到了大幅提高，羔羊初生重由建群时的 1.93 kg 增加到 2.48 kg，增加了 0.55 kg，提高了 28.5%；母羊体重由建群时的 35.15 kg 增加到 41.44 kg，增加了 6.29 kg，提高了 17.9%；公羊体重由建群时的 36.15 kg 增加到 42.1 kg，增加了 5.95 kg，提高了 16.5%。通过加强饲养管理，羔羊成活率由建群时的 83.3% 提高到 96.4%，提高了 13.1 个百分点。

1991—1994 年，龙陵县实施了云南省种羊基地建设项目，将龙陵黄山羊的品种选育列为云南省"八五""九五"科技攻关重点项目。龙陵黄山羊的选育工作，技术上依托云南农业大学，运作模式采取"保本分成"的方式，带动农户饲养黄山羊。即由畜牧部门筹集资金扶持农户种草和购买一定比例的优质种羊，制定管理和选种技术方案，选择有经验、有责任心的养羊户进行饲养管理，不断扩大黄山羊种群数量和提高种羊质量。

1998 年开始，按高起点、高标准现代化畜牧业示范区建设要求，龙陵县建成了核心种羊场、种羊扩繁场，租赁草山 908.2 hm²，建植草地 286.87 hm²，全县建成选育核心群 104 群，存栏种羊 3 403 只；繁殖群 205 群，种羊 5 330 只；生产群 760 群，存栏羊 16 720 只。核心群种羊的选育采用群体继代选育方法，实行家系等数留种，采用区域闭锁繁育和同质选配，严格执行性能测定制度和选育鉴定标准。同时，结合"龙陵黄山羊新品系培育"科技攻关项目，进行了龙陵黄山羊遗传背景研究，黄山羊屠宰性能分析、肉品质研究，黄山羊疾病防治研究，黄山羊鉴定标准研究，黄山羊舍饲育肥试验，黄山羊引种适应性观察等工作。通过研究，对黄山羊遗传背景和引种适应性有了深刻认识；确定了黄山羊屠宰性能肉品质指标及选育鉴定标准，摸清了黄山羊寄生虫种类及感染情况；对黄山羊舍饲育肥进行了初步探索。此时期的工作呈现出三大特点：龙陵黄山羊培育基地不断扩大，标准逐步提高，种羊的生产性能得到充分发挥。

随着农、林、牧争地矛盾的日趋突出，草食家畜草料严重缺乏，制约了龙陵黄山羊保种选育工作的进行和山羊生产的发展。为改变这一现状，龙陵县畜牧兽医局于2001年实施了"龙陵县人工种草养羊开发项目"，共建成草地约2 085 hm²，其中人工草地约733 hm²，改良草地约1 010 hm²，刈割草地约342 hm²，运用划区轮牧技术加强对草地的管理和利用，使基地内的种羊存栏达3 000余只。龙陵县畜牧兽医局通过编写《种草养羊技术手册》，指导全县农户运用种草养羊技术，提高养羊经济效益。同时，连续实施优质肉羊产业带项目建设，扶持农户种草、改造圈舍及调换种羊，指导农户按标准化的饲养管理方式发展黄山羊生产，使龙陵黄山羊种羊优良性状得到充分表现。在云南有关院校专家的指导下，制定了《龙陵黄山羊选育技术方案》和《高效繁育关键技术研究与集成示范方案》，并严格按这些方案推广黄山羊的配种、羔羊培育、种羊选留等技术，按《种羊鉴定标准》对不同年龄段的种羊进行称重和体尺测量，并按公、母羊不同的体型、外貌特征和生产性能，将其分为特级、一级、二级和三级4个等级，并把特级种公羊和种母羊的个体档案录入计算机。在云南省畜牧兽医科学院的主持下，对龙陵黄山羊进行胚胎移植技术试验，为龙陵黄山羊保种开辟了新途径，现已保存胚胎246枚，制作冻精3 504剂。与质量技术监督部门协作制定了《龙陵黄山羊养殖地方标准》（DB 53/T142.1～142.6—2005），内容包括龙陵黄山羊养殖的区域与布局、品种选育、饲草饲料、品种等级划分和无公害标准6个方面，并于2005年开始实施。通过综合技术应用，龙陵黄山羊的关键技术指标逐步达到了品种标准，种质水平明显提高，周岁公、母羊体重分别可达35 kg、32 kg，成年公、母羊体重分别可达49 kg、43 kg，经产母羊双羔率可达80%，8月龄羯羊屠宰率可达45.5%以上、净肉率可达32.6%以上。以龙陵黄山羊为父本，杂交一代周岁羊的体重提高了30%。此外，"九五""十五"以来，龙陵县累计为云南省昆明、曲靖、红河、怒江、迪庆、德宏等州（市）提供种羊上万只，具备了批量供种能力，为云南省山羊品种改良做出了积极贡献。

通过30多年的保种选育工作，龙陵黄山羊已形成外貌特征典型、遗传性能稳定、生产性能好的优良地方品种。为保护和利用好这一优势资源，把资源优势转化为经济优势，龙陵县2013年出台了《中共龙陵县委　龙陵县人民政府关于加快龙陵黄山羊产业发展的意见》，决定从2013年起至2020年，每年划拨320万元专项资金支持龙陵黄山羊产业的发展。龙陵县充分利用全县生态资源和龙陵黄山羊品种资源两大优势，把地方品种保护与产业发展紧密结合，持续加强龙陵黄山羊本品种选育工作，提高其生产性能；大力推广人工种草和农作物秸秆利用技术，结合退耕还林还草项目、南方现代草地畜牧业发展项目、草原畜牧业发展方式转变项目，为黄山羊产业发展提供充足优质的草料资源。此外，龙陵县计划用 8 年时间，使龙陵黄山羊存栏达 25 万只（能繁母羊保有量 10 万只以上），出栏 20 万只，产值 3.5 亿元，把龙陵县打造成全省第一、全国知名的黄山羊养殖大县。为此，龙陵县人民政府通过招商引资，注册成立了云南龙陵济宽黄山羊有限责任公司，建设了龙陵黄山羊精品庄园，建成日屠宰加工 500 只活羊生产线 1 条；组建了济民黄山羊养殖合作联合社，把全县的各黄山羊养殖专业合作社有机地联合起来，使全县的黄山羊产业发展形成了公司＋联合社＋合作社＋基地＋养殖户的机制，推动龙陵黄山羊特色产业健康稳步发展。

三、龙陵黄山羊群体数量

2016 年年底，龙陵县共有 8 630 户养殖户（其中存栏 10 只以下的养殖户 4 898 户，存栏 10 只以上的养殖户 3 704 户，存栏 200 只以上的规模养殖场 28 个），合计存栏约 17.01 万只，出栏约 16.42 万只。能繁母羊存栏达 9.8 万只，种公羊存栏 1.1 万只，已形成外貌特征和生产性能稳定的种群（图 1-4）。

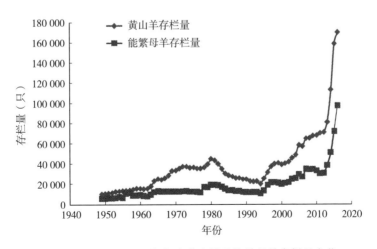

图 1-4　1949—2017 年龙陵黄山羊及能繁母羊存栏量变化

第二章
龙陵黄山羊的特征和生产性能

第一节　龙陵黄山羊的体型外貌

一、体型外貌特征

龙陵黄山羊毛色呈黄褐色或褐色。公羊从枕部至尾部有一条黑色背线，肩胛至胸前有一圈黑色项带与背线相交呈"十"字形（俗称"领褂"），额上有黑色长毛，颌下有髯；头大小适中，眼大而有神，有角（或无角），角向上向后生长呈倒"八"字形；颈短粗，胸宽深，背腰平直，尻稍斜，躯体较长，后躯发育良好，整个体型呈圆桶状；睾丸大而对称，垂系长短适中；有雄性悍威（图2-1）。母羊腹大充实不下垂，乳房大而柔软，乳头大小、长短适中，左右对称；四肢结实有力，肢势端正，蹄质坚实（图2-2）。羯羊全身被毛为金色短毛，酷似母羊，雄性悍威消失。

图2-1　龙陵黄山羊种公羊

图 2-2　龙陵黄山羊种母羊

2005 年对 1 200 只公羊和 11 192 只母羊外貌调查结果见表 2-1。

表 2-1　不同外貌特征龙陵黄山羊的占比（%）

外貌特征		公羊（1 200 只）	母羊（11 192 只）
毛色	黄色	95.0	98.5
	褐色	5.0	1.5
角型	无角	7.1	7.2
	板型	92.9	92.8
	圆型	0	0
角尖扭转	有	66.7	62.6
	无	33.3	37.4
鼻型	直	98.0	100.0
	凸	0	0
	凹	2.0	0
额部长毛	有	87.9	0.7
	无	12.1	99.3
髯	有	99.3	72.0
	无	0.7	28.0
耳垂	有	8.8	10.8
	无	91.2	89.2

（续）

外貌特征		公羊（1 200 只）	母羊（11 192 只）
黑色背线	有	99.5	97.5
	无	0.5	2.5
腿部长毛	有	87.3	25.2
	无	12.7	74.8
腹底黑毛	有	23.8	16.8
	无	76.2	83.2

从表 2-1 可以看出，龙陵黄山羊外貌已趋一致。95％以上的羊为黄色；角型为板型，角尖多有扭转，个别没有角；母羊鼻直，但少数公羊鼻呈凹型，应尽量避免作种羊；大多数公羊额部有长毛，而母羊很少有；公羊几乎都有髯，而母羊近 1/3 没有；绝大部分公、母羊都有一条黑色背线，2/3 以上的羊腹底有黑毛；90％的公、母羊没有耳垂，10％左右的羊有耳垂。从统计分析得出，公、母羊较大的外貌特征差异集中在额部（公羊 87.9％，母羊 0.7％）、腿部（公羊 87.3％，母羊 25.2％）和髯（公羊 99.3％，母羊 72.0％）上，其余特征基本一致。

二、体重和体尺

2005—2006 年对龙陵黄山羊进行系统全面的体尺、体重测定和外貌评价，发现龙陵黄山羊外貌趋于一致，体型结构也基本一致，但个体大小存在较大差异。龙陵黄山羊体重和体尺随年龄的增长而增加，两岁后趋于稳定。12 月龄公、母羊和 24 月龄公、母羊平均体重分别为 25.77 kg、24.27 kg 和 35.89 kg、32.96 kg，标准差分别为 4.3、4.3 和 6.6、6.3，意味着 15％的公、母羊 12 月龄和 24 月龄体重分别大于 30 kg、28.6 kg 和 42.2 kg、38.4 kg。此结果表明，通过品种选育、优秀种羊的推广普及，仍然可以大幅度提高龙陵黄山羊的生长性能。公羊体高、体长、胸深、胸围、管围、腿围等体尺在各个月龄均明显高于母羊的体尺，其中体高、体长和胸围随山羊年龄增长而较快增加。

（一）繁殖群龙陵黄山羊体尺、体重及其相关性

1. 龙陵黄山羊公羊生长规律　不同月龄公羊体尺、体重见表2-2。

表2-2　不同月龄龙陵黄山羊公羊体尺、体重

月龄		体高（cm）	体长（cm）	胸深（cm）	胸围（cm）	管围（cm）	腿围（cm）	体重（kg）
12	$n=371$	55.19	58.41	26.17	68.77	7.87	21.02	25.77
	SD	4.01	4.14	1.81	5.02	0.59	1.58	4.33
18	$n=131$	58.39	63.24	28.35	74.19	8.11	21.72	31.89
	SD	3.91	4.43	2.08	5.54	0.73	1.69	5.20
24	$n=155$	60.92	65.81	30.10	78.74	8.57	22.63	35.89
	SD	3.59	3.99	2.23	5.58	0.91	2.15	6.63
36	$n=84$	63.30	68.94	31.46	81.87	8.86	23.62	40.84
	SD	4.68	5.14	2.68	6.50	0.81	2.11	9.26
48	$n=25$	64.98	70.41	32.42	83.80	9.34	23.90	43.72
	SD	3.93	4.36	2.10	5.09	0.70	1.67	8.83

采用生长模型：$y=a/(1+e^{b-rt})$，其中 a 为最大体重（体尺）；b 为达到最大生长率的时间；r 为接近最大体重（体尺）的生长速度参数；t 为月龄。进行估测，可获得表2-3估测模型参数。从决定系数 R^2 来看，体重、体长、胸深和胸围的拟合度较高。

表2-3　龙陵黄山羊公羊生长模型参数估计

估测参数	a	b	r	R^2
体重	44.148	0.753	0.091	0.483
体高	66.189	-0.854	0.063	0.362
体长	70.869	-0.538	0.083	0.453
胸深	33.118	-0.495	0.068	0.462
胸围	85.768	-0.490	0.074	0.468
管围	9.897	-0.906	0.035	0.215
腿围	25.367	-1.052	0.039	0.225

公羊体尺、体重间的相关系数见表2-4。

表 2-4 公羊体尺、体重间的相关系数

项目	月龄	体高	体长	胸深	胸围	管围	腿围
体高	0.583（**）						
体长	0.641（**）	0.816（**）					
胸深	0.657（**）	0.741（**）	0.817（**）				
胸围	0.658（**）	0.747（**）	0.817（**）	0.858（**）			
管围	0.460（**）	0.576（**）	0.668（**）	0.657（**）	0.691（**）		
腿围	0.467（**）	0.556（**）	0.594（**）	0.666（**）	0.677（**）	0.700（**）	
体重	0.673（**）	0.731（**）	0.827（**）	0.827（**）	0.828（**）	0.673（**）	0.678（**）

注：** 表示相关性极显著（$P<0.01$），下同。

由表 2-4 可知，与体重相关性最高的是胸围，相关系数 $r=0.828$，其次为体长和胸深，$r=0.827$，均呈高度正相关。由胸围构建与体重的回归方程如图 2-3 所示。

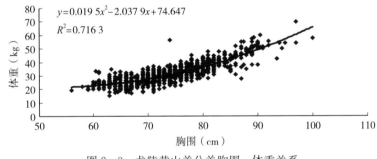

$$y=0.019\,5x^2-2.037\,9x+74.647$$
$$R^2=0.716\,3$$

图 2-3 龙陵黄山羊公羊胸围—体重关系

2. 龙陵黄山羊生长规律 不同月龄龙陵黄山羊扩繁群母羊体尺、体重见表 2-5。体尺、体重生长模型 $y=a/(1+e^{b-rt})$ 估测参数见表 2-6。

表 2-5 不同月龄龙陵黄山羊扩繁群母羊体尺、体重

月龄		体高（cm）	体长（cm）	胸深（cm）	胸围（cm）	管围（cm）	腿围（cm）	体重（kg）
12	$n=4\,583$	52.77	56.05	25.30	66.59	7.40	20.40	24.27
	SD	3.59	3.96	2.27	5.26	0.54	1.67	4.34
18	$n=2\,569$	56.46	60.84	27.65	72.42	7.66	21.05	30.33
	SD	3.28	3.39	2.27	4.64	0.57	1.45	4.57
24	$n=3\,359$	58.13	62.40	28.51	75.08	7.79	21.41	32.96
	SD	3.41	3.86	1.89	4.81	0.59	1.53	5.42

（续）

月龄		体高（cm）	体长（cm）	胸深（cm）	胸围（cm）	管围（cm）	腿围（cm）	体重（kg）
36	n＝3 517	59.72	64.54	29.45	77.30	7.97	22.11	36.03
	SD	3.47	3.74	1.95	4.69	0.53	1.51	5.53
48	n＝2 464	60.95	66.40	30.58	79.97	8.15	22.57	39.08
	SD	3.57	3.84	2.15	4.89	0.58	1.49	6.29
60	n＝803	61.17	66.26	30.46	80.22	8.20	22.53	39.04
	SD	3.62	4.14	2.19	5.07	0.57	1.54	6.83

表 2-6 龙陵黄山羊母羊生长模型参数估计

估测参数	a	b	r	R^2
体重	38.591	0.584	0.096	0.491
体高	61.022	−0.685	0.097	0.434
体长	66.064	−0.588	0.094	0.478
胸深	30.422	−0.452	0.093	0.468
胸围	79.829	−0.476	0.091	0.498
管围	8.221	−1.352	0.061	0.219
腿围	22.715	−1.254	0.060	0.268

龙陵黄山羊外貌虽然趋于一致，但体尺、体重却变化较大。龙陵黄山羊母羊体重和体尺随年龄的增长而增加，24月龄后趋于稳定。12月龄和24月龄母羊平均体重分别为24.3kg和39.1kg，标准差分别为4.3和6.2，意味着1/6的母羊12月龄和24月龄体重分别大于28.6kg和45.4kg。此结果表明，龙陵黄山羊选择余地还很大，通过本品种选育、优秀种羊的推广普及、加强饲养管理，仍然可以大幅度提高龙陵黄山羊的生长性能。

不同月龄龙陵黄山羊母羊的体重如图2-4所示；龙陵黄山羊12月龄和48月龄的体重分布如图2-5所示。

龙陵黄山羊母羊体尺、体重间的相关系数见表2-7；龙陵黄山羊母羊体重与胸围的回归模型见图2-6。

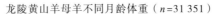

龙陵黄山羊母羊不同月龄体重（n=31 351）

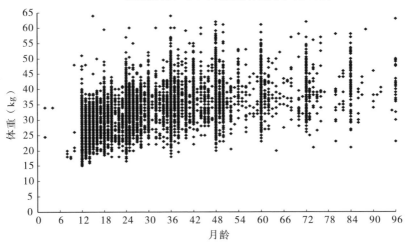

图 2-4　不同月龄龙陵黄山羊母羊的体重

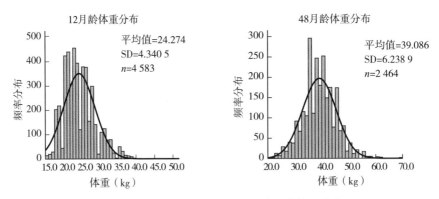

图 2-5　12 月龄和 48 月龄龙陵黄山羊体重分布

表 2-7　龙陵黄山羊母羊体尺、体重间的相关系数

项目	月龄	体高	体长	胸深	胸围	管围	腿围
体高	0.569（＊＊）						
体长	0.602（＊＊）	0.848（＊＊）					
胸深	0.597（＊＊）	0.738（＊＊）	0.784（＊＊）				
胸围	0.618（＊＊）	0.751（＊＊）	0.801（＊＊）	0.834（＊＊）			
管围	0.426（＊＊）	0.504（＊＊）	0.564（＊＊）	0.567（＊＊）	0.629（＊＊）		
腿围	0.472（＊＊）	0.563（＊＊）	0.615（＊＊）	0.640（＊＊）	0.674（＊＊）	0.648（＊＊）	
体重	0.625（＊＊）	0.738（＊＊）	0.804（＊＊）	0.797（＊＊）	0.830（＊＊）	0.595（＊＊）	0.673（＊＊）

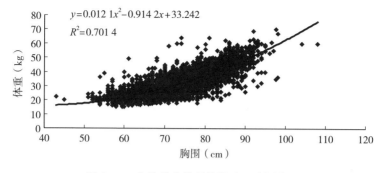

图 2-6　龙陵黄山羊母羊体重—胸围关系

（1）海拔对龙陵黄山羊母羊体尺体重的影响　不同海拔对龙陵黄山羊母羊体尺、体重的影响见图 2-7 和表 2-8。由图 2-7 和表 2-8 可知，分布在海拔 1 500 m 以下的山羊体重明显要大一些；海拔超过 1 500 m 后，山羊体重逐渐呈下降趋势；分布在海拔 2 100 m 的山羊其体尺、体重要明显小一些。胸围、体长、胸深等体尺随海拔上升呈现基本相同的变化趋势，说明海拔确实会对龙陵黄山羊的体尺、体重产生影响。

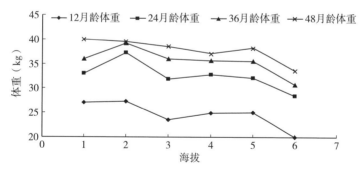

图 2-7　龙陵黄山羊不同月龄体重与海拔的关系

（注：横坐标中，1＝700～799 m，2＝800～1 499 m，3＝1 500～1 699 m，4＝1 700～1 899 m，5＝1 900～2 099 m，6＝2 100～2 199 m）

表 2-8　不同海拔对不同月龄龙陵黄山羊母羊体尺、体重的影响

海拔（m）		12月龄体尺、体重						
		体高（cm）	体长（cm）	胸深（cm）	胸围（cm）	管围（cm）	腿围（cm）	体重（kg）
700～799	n＝100	54.50±3.54	59.14±3.54	26.34±2.01	71.63±6.02	8.14±0.65	21.70±1.47	27.13±5.66
800～1 499	n＝98	54.03±2.73	58.61±3.34	26.00±1.65	69.09±5.04	7.73±0.54	20.67±1.52	27.34±3.38
1 500～1 699	n＝599	52.06±3.58	54.98±4.19	24.72±2.38	64.38±4.90	7.18±0.45	19.43±1.36	23.54±3.62

（续）

海拔（m）	12 月龄体尺、体重						
	体高（cm）	体长（cm）	胸深（cm）	胸围（cm）	管围（cm）	腿围（cm）	体重（kg）
1 700～1 899　n＝1 239	52.94±3.31	56.29±3.68	25.26±2.01	65.77±5.08	7.24±0.51	19.38±1.23	24.95±4.01
1 900～2 099　n＝825	52.89±3.37	56.16±3.41	25.26±2.32	66.50±5.20	7.34±0.54	20.38±1.83	25.06±3.97
2 100～2 199　n＝58	51.64±2.56	54.14±2.28	23.82±1.31	64.98±3.63	6.81±0.32	18.10±0.96	20.05±2.52

海拔（m）	24 月龄体尺、体重						
	体高（cm）	体长（cm）	胸深（cm）	胸围（cm）	管围（cm）	腿围（cm）	体重（kg）
700～799　n＝55	57.76±3.47	63.16±3.32	29.13±4.18	76.24±5.35	8.33±0.64	22.71±1.03	32.96±5.69
800～1 499　n＝71	58.93±3.47	64.58±3.59	29.63±1.66	78.83±4.19	8.36±0.49	22.34±0.99	36.89±5.07
1 500～1 699　n＝265	57.68±3.41	61.94±3.94	28.38±2.42	73.64±4.64	7.76±0.59	20.97±1.50	31.85±5.08
1 700～1 899　n＝741	57.49±3.47	62.16±4.00	28.53±1.82	73.96±5.06	7.69±0.58	20.92±1.21	32.78±5.10
1 900～2 099　n＝561	57.91±3.28	62.06±3.37	28.14±2.09	73.76±4.12	7.61±0.55	21.39±1.51	32.05±4.65
2 100～2 199　n＝93	56.58±3.40	59.79±3.80	27.22±2.09	73.28±5.30	7.47±0.71	20.17±1.49	28.50±7.22

海拔（m）	36 月龄体尺、体重						
	体高（cm）	体长（cm）	胸深（cm）	胸围（cm）	管围（cm）	腿围（cm）	体重（kg）
700～799　n＝70	58.89±3.81	64.89±3.66	29.25±1.72	78.19±4.27	8.27±0.45	22.74±0.87	36.00±5.49
800～1 499　n＝69	59.01±4.15	65.97±4.16	29.94±1.58	79.92±4.48	8.41±0.49	22.98±1.22	39.13±5.84
1 500～1 699　n＝279	60.48±3.37	65.07±3.60	29.65±1.63	77.04±4.68	8.02±0.56	21.95±1.21	36.01±5.26
1 700～1 899　n＝565	59.29±3.43	64.33±3.80	29.60±1.80	77.10±5.05	7.97±0.60	21.43±1.17	35.60±5.13
1 900～2 099　n＝539	59.82±3.29	64.17±3.49	29.27±1.83	76.57±4.01	7.84±0.45	22.33±1.55	35.47±5.07
2 100～2 199　n＝69	58.20±2.75	61.48±3.15	28.03±2.04	75.59±4.69	7.63±0.76	20.66±1.66	30.67±5.48

海拔（m）	48 月龄体尺、体重						
	体高（cm）	体长（cm）	胸深（cm）	胸围（cm）	管围（cm）	腿围（cm）	体重（kg）
700～799　n＝67	60.24±3.81AB	67.14±3.43A	30.76±1.85	81.56±5.42AB	8.64±0.66A	23.28±1.16A	39.99±7.31A
800～1 499　n＝61	60.47±3.23AB	67.12±4.36A	30.58±1.88	81.97±5.08A	8.56±0.62A	22.90±1.21A	39.53±6.43A
1 500～1 699　n＝202	61.100±3.47AB	66.68±3.92A	30.34±1.98	79.06±4.79BC	8.12±0.60B	22.09±1.45B	38.48±6.13A
1 700～1 899　n＝461	60.09±3.82A	65.62±4.19AB	30.32±1.95	78.56±5.20C	8.00±0.56B	21.71±1.17B	37.08±5.16AB

（续）

海拔（m）	48月龄体尺、体重						
	体高（cm）	体长（cm）	胸深（cm）	胸围（cm）	管围（cm）	腿围（cm）	体重（kg）
1 900～2 099　n=380	60.98±3.18B	65.75±3.48AB	30.36±2.02	79.12±4.39BC	8.05±0.52B	22.76±1.60A	38.28±6.32A
2 100～2 199　n=47	60.39±3.31AB	64.19±4.15B	29.40±2.26	78.10±5.25BC	7.87±0.79B	21.51±1.72B	33.54±7.17B

（2）外貌对龙陵黄山羊母羊体尺、体重的影响　外貌特征中的角尖扭转、髯、耳垂、腿部长毛和腹底黑毛对龙陵黄山羊母羊体尺、体重的影响见表2-9。

表2-9　外貌对不同月龄龙陵黄山羊体尺、体重的影响

外貌特征	性状有无	调查数量（只）	12月龄体尺、体重					
			体高（cm）	体长（cm）	胸深（cm）	胸围（cm）	管围（cm）	体重（kg）
角尖扭转	无	1 086	53.42±3.46ns	56.54±3.86ns	26.01±2.04ns	67.12±5.19ns	7.39±0.54ns	23.91±4.24ns
	有	228	53.31±3.51	56.97±3.71	25.96±1.94	67.84±4.94	7.45±0.47	24.44±4.44
髯	无	1 030	52.28±3.53**	55.73±3.96ns	25.08±2.00*	66.12±5.28**	7.37±0.56ns	24.09±4.30ns
	有	422	52.97±3.40	56.16±3.68	25.47±2.15	67.20±4.96	7.41±0.51	24.29±4.46
耳垂	无	1 279	52.65±3.40ns	55.82±3.80ns	25.20±2.03ns	66.48±5.13ns	7.37±0.54*	24.02±4.24**
	有	177	52.53±4.18	56.19±4.49	25.20±2.23	66.26±5.79	7.49±0.54	25.09±4.88
腿部长毛	无	1 294	52.56±3.50*	55.80±3.91ns	25.15±2.05*	66.31±5.23**	7.38±0.54ns	24.07±4.28ns
	有	161	53.19±3.44	56.42±3.66	25.54±2.05	67.52±4.92	7.44±0.52	24.82±4.75
腹底黑毛	无	1 272	52.68±3.46ns	55.90±3.86ns	25.22±2.01ns	66.41±5.13ns	7.36±0.53**	24.13±4.31ns
	有	185	52.24±3.69	55.63±4.08	25.04±2.27	66.70±5.72	7.52±0.61	24.32±4.60

外貌特征	性状有无	调查数量（只）	18月龄体尺、体重					
			体高（cm）	体长（cm）	胸深（cm）	胸围（cm）	管围（cm）	体重（kg）
角尖扭转	无	349	56.23±3.28ns	60.75±3.35ns	27.47±1.74ns	72.25±4.45ns	7.75±0.50**	30.00±4.65ns
	有	636	56.38±3.17	60.90±3.48	27.68±1.74	72.45±4.75	7.59±0.63	30.60±4.56
髯	无	231	55.75±3.37**	60.29±3.21**	27.30±1.69**	71.91±4.73ns	7.62±0.58**	29.19±5.10**
	有	750	56.45±3.14	61.01±3.49	27.70±1.75	72.54±4.59	7.75±0.60	30.76±4.36
耳垂	无	869	56.33±3.21ns	60.89±3.47ns	27.62±1.76ns	72.49±4.67ns	7.65±0.58ns	30.42±4.68ns
	有	144	56.33±3.20	60.86±3.43	27.61±1.74	72.40±4.63	7.65±0.59	30.40±4.59

（续）

外貌特征	性状有无	调查数量(只)	18月龄体尺、体重					
			体高(cm)	体长(cm)	胸深(cm)	胸围(cm)	管围(cm)	体重(kg)
腿部长毛	无	786	56.25±3.24ns	60.86±3.45ns	27.64±1.73ns	72.42±4.58ns	7.64±0.61ns	30.37±4.59ns
	有	194	56.64±3.04	60.81±3.37	27.46±1.82	72.29±4.82	7.69±0.51	30.51±4.63
腹底黑毛	无	807	56.35±3.28ns	60.83±3.48ns	27.64±1.74ns	72.43±4.58ns	7.66±0.58ns	30.38±4.55ns
	有	174	56.19±2.80	60.98±3.24	27.45±1.76	72.16±4.85	7.62±0.63	30.40±4.82

外貌特征	性状有无	调查数量(只)	24月龄体尺、体重					
			体高(cm)	体长(cm)	胸深(cm)	胸围(cm)	管围(cm)	体重(kg)
角尖扭转	无	320	58.32±3.29ns	62.58±3.32ns	28.63±1.74ns	75.55±4.27**	7.92±0.59**	33.54±5.08**
	有	1 017	57.90±3.33	62.36±3.93	28.45±1.89	74.47±4.79	7.71±0.60	32.53±5.69
髯	无	155	56.98±3.31**	61.31±3.40**	28.16±2.06*	75.10±4.87*	7.82±0.63*	31.16±5.56**
	有	1 182	58.13±3.30	62.56±3.82	28.54±1.82	74.68±4.67	7.75±0.60	32.98±5.53
耳垂	无	1 221	58.00±3.34ns	62.39±3.84ns	28.48±1.87ns	74.67±4.70ns	7.75±0.60*	32.71±5.62ns
	有	116	58.08±3.21	62.69±3.28	28.64±1.64	75.27±4.65	7.89±0.61	33.41±4.91
腿部长毛	无	983	58.00±3.27ns	62.48±3.83ns	28.52±1.89ns	74.83±4.80ns	7.76±0.61ns	32.76±5.56ns
	有	352	58.00±3.45	61.95±3.67	28.43±1.75	74.39±4.34	7.77±0.60	32.76±5.83
腹底黑毛	无	1 097	58.02±3.34ns	62.43±3.79ns	28.53±1.84ns	74.81±4.71ns	7.77±0.61ns	32.71±5.72ns
	有	240	57.94±3.23	62.37±3.84	28.36±1.90	74.33±4.61	7.73±0.59	33.03±4.80

外貌特征	性状有无	调查数量(只)	36月龄体尺、体重					
			体高(cm)	体长(cm)	胸深(cm)	胸围(cm)	管围(cm)	体重(kg)
角尖扭转	无	190	60.42±3.28**	64.93±3.46**	29.69±1.81*	77.61±4.43**	8.00±0.42*	36.82±5.42**
	有	1 092	59.38±3.40	64.05±3.71	29.32±1.82	76.47±4.66	7.83±0.57	35.37±3.35
髯	无	110	58.27±3.56**	62.60±4.02**	28.93±1.95**	76.76±4.48**	7.91±0.63**	33.51±5.25**
	有	1 172	59.66±3.36	64.52±3.81	29.41±1.80	77.00±4.65	7.94±0.54	35.78±5.35
耳垂	无	1 135	59.52±3.42ns	64.29±3.88ns	29.82±1.83ns	76.92±4.61ns	7.93±0.56ns	35.41±5.36**
	有	146	59.68±3.26	64.87±3.71	29.75±1.72	77.50±4.85	8.02±0.48	36.95±5.34
腿部长毛	无	838	59.38±3.50ns	64.44±4.05ns	29.32±1.87ns	76.88±4.68ns	7.94±0.56ns	35.63±5.47ns
	有	442	59.86±3.15	64.23±3.41	29.47±1.70	77.20±4.49	7.93±0.53	35.54±5.17
腹底黑毛	无	1 035	59.55±3.36ns	64.34±3.89ns	29.34±1.81ns	76.85±4.60ns	7.92±0.53ns	35.48±5.33ns
	有	245	59.51±3.57	64.45±3.73	29.53±1.86	77.51±4.69	7.99±0.62	36.00±5.51

（续）

外貌特征	性状有无	调查数量（只）	48 月龄体尺、体重					
			体高 (cm)	体长 (cm)	胸深 (cm)	胸围 (cm)	管围 (cm)	体重 (kg)
角尖扭转	无	139	61.53±3.51**	67.14±3.80**	30.92±1.76**	80.74±4.67**	8.32±0.50**	40.12±6.52**
	有	976	60.55±3.51	65.98±3.90	30.33±2.04	79.15±4.96	8.07±0.60	37.78±5.98
髯	无	63	59.84±3.38**	65.28±3.81**	30.01±1.95*	78.99±5.07ns	8.15±0.61ns	37.08±5.20**
	有	1 051	60.72±3.53	66.17±3.91	30.42±2.02	79.37±4.95	8.10±0.60	38.55±5.75
耳垂	无	977	60.62±3.50ns	66.05±3.92ns	30.37±2.00ns	79.24±4.88ns	8.09±0.59ns	37.86±6.03**
	有	134	61.00±3.72	66.54±3.73	30.57±2.15	79.99±5.36	8.18±0.65	39.48±6.38
腿部长毛	无	713	60.55±3.47ns	66.20±3.92ns	30.38±2.01ns	79.33±4.92ns	8.09±0.60ns	37.88±6.01ns
	有	402	60.90±3.61	66.00±3.87	30.44±2.03	79.38±5.01	8.13±0.59	38.41±6.24
腹底黑毛	无	935	60.62±3.50ns	66.08±3.92ns	30.37±2.03ns	79.24±4.94ns	8.09±0.59ns	37.98±6.03ns
	有	179	60.96±3.63	66.37±3.83	30.54±1.97	79.91±4.99	8.16±0.63	38.56±6.44

注：* 为差异显著（$P<0.05$）；** 为差异极显著（$P<0.01$）；ns 为差异不显著（$P>0.05$）。

如表 2-9 所示，角尖扭转的影响均表现为无角尖扭转的山羊体尺、体重要比有角尖扭转的大。

髯的有无对山羊体尺、体重的影响在山羊 12 月龄时就已出现，所有的影响均表现为有髯的山羊体尺、体重要比无髯的大，同时体重作为一个最为重要的生产性能指标，更能说明问题的实质性，自 18 月龄开始有髯的山羊体重一直比无髯的山羊大。

耳垂也呈现出有耳垂的山羊体重要比无耳垂的山羊表现好。

从腿部长毛的有无来看，其影响多表现在管围上，另外管围作为衡量山羊生产性能较弱的指标，一般都不到 10 cm，但有时测量的读数会不同，所以一般把腿围和管围作为辅助指标来考虑。同时，腿部长毛的有无对山羊体尺、体重的影响不大。从统计数据可以推断，腹底黑毛的有无对山羊体尺、体重影响也不大。

通过外貌对山羊体尺、体重的影响可知，在选择山羊时可以对角尖扭转、髯和耳垂等性状进行考虑，可以有效地对优秀山羊进行留存。

（二）核心群龙陵黄山羊体尺、体重及其相关性

2005—2006 年，龙陵县有龙陵黄山羊核心种羊群 64 群，种羊 6 245 只，在核心群中实行公、母羊分群饲养，统一配种，集中产羔的管理模式。

1. 不同龙陵黄山羊核心群公羊和母羊体尺、体重　表 2-10 为龙陵黄山羊核心群公羊和母羊体尺、体重统计结果。从表 2-10 可以看出，公羊和母羊生长性能存在极显著差异（$P<0.01$）。

表 2-10　龙陵黄山羊核心群公羊和母羊体尺、体重

月龄	调查数量（只）	体高（cm）	体长（cm）	胸深（cm）	胸围（cm）	管围（cm）	体重（kg）
0	1 914 公						2.43±0.41
	1 873 母						2.34±0.39
3	265 公	47.50±4.58	51.57±4.49	21.32±3.25	60.02±4.76	7.16±0.76	15.11±3.37
	715 母	45.09±4.59	48.30±4.93	19.00±3.44	56.54±5.47	6.57±0.77	17.40±3.56
6	244 公	53.18±4.14	56.84±4.78	24.87±2.97	68.15±5.71	7.76±0.74	22.06±5.10
	807 母	50.80±4.36	54.22±4.69	23.31±2.93	65.66±5.88	7.38±0.64	21.17±4.50
9	262 公	58.82±4.90	62.99±5.40	27.98±2.38	74.32±5.68	8.10±0.73	29.97±6.12
	1 680 母	57.40±3.85	61.75±4.12	27.49±2.79	73.05±5.00	7.78±0.59	26.34±4.75
12	34 公	61.47±3.97	66.24±4.64	29.61±2.40	76.65±6.15	8.65±0.82	36.04±4.17
	223 母	59.84±3.93	64.21±4.48	29.27±2.80	75.28±5.54	7.90±0.63	30.56±6.00
24	27 公	63.47±5.01	68.85±5.48	31.38±2.93	82.24±7.11	8.91±0.84	43.28±4.81
	197 母	61.10±3.87	66.05±4.43	30.09±2.26	79.81±5.91	8.08±0.59	38.13±6.37

龙陵黄山羊核心群公羊和母羊生长模型见表 2-11 和表 2-12，公羊的最大体尺均要高于母羊，但最大体重可能小于母羊。

表 2-11　龙陵黄山羊核心群公羊生长模型

项目	生长模型	R^2
体重	体重＝$35.850/(1+e^{2.024-0.271t})$	0.878
体高	体高＝$64.076/(1+e^{-0.678-0.101t})$	0.557

项目	生长模型	R^2
体长	体长$=70.216/(1+e^{-0.623-0.089t})$	0.576
胸深	胸深$=31.616/(1+e^{-0.302-0.102t})$	0.603
胸围	胸围$=84.087/(1+e^{-0.429-0.096t})$	0.635

表 2-12　龙陵黄山羊核心群母羊生长模型

项目	生长模型	R^2
体重	体重$=36.475/(1+e^{1.729-0.212t})$	0.828
体高	体高$=61.529/(1+e^{-0.571-0.119t})$	0.589
体长	体长$=66.734/(1+e^{-0.554-0.111t})$	0.586
胸深	胸深$=30.302/(1+e^{-0.139-0.129t})$	0.614
胸围	胸围$=80.764/(1+e^{-1.088-0.121t})$	0.645

2. 龙陵黄山羊核心群体尺、体重的相关性　龙陵黄山羊核心群体尺、体重间的相关性见表 2-13 和表 2-14，其中胸围和体重的回归模型如图 2-8 和图 2-9 所示。龙陵黄山羊核心群体尺、体重的相关性比扩繁群所得结果要高。

表 2-13　龙陵黄山羊核心群公羊体尺、体重相关系数

项目	月龄	体高	体长	胸深	胸围	管围	体重
月龄	1						
体高	0.698	1					
体长	0.716	0.904	1				
胸深	0.735	0.844	0.832	1			
胸围	0.754	0.861	0.884	0.843	1		
管围	0.549	0.700	0.724	0.701	0.771	1	
体重	0.907	0.856	0.884	0.844	0.916	0.737	1

表 2-14　龙陵黄山羊核心群母羊体尺、体重相关系数

项目	月龄	体高	体长	胸深	胸围	管围	体重
月龄	1						
体高	0.691	1					
体长	0.698	0.898	1				

(续)

项目	月龄	体高	体长	胸深	胸围	管围	体重
胸深	0.701	0.838	0.833	1			
胸围	0.735	0.860	0.882	0.857	1		
管围	0.504	0.655	0.696	0.644	0.735	1	
体重	0.851	0.845	0.877	0.846	0.912	0.697	1

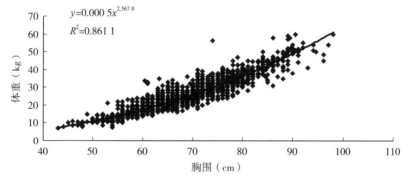

$$y=0.000\,5x^{2.567\,8}$$
$$R^2=0.861\,1$$

图 2-8　龙陵黄山羊核心群公羊胸围—体重关系

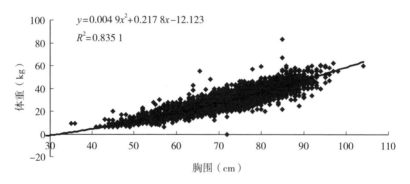

$$y=0.004\,9x^2+0.217\,8x-12.123$$
$$R^2=0.835\,1$$

图 2-9　龙陵黄山羊核心群母羊胸围—体重关系

（三）龙陵黄山羊核心群与扩繁群羊群体尺、体重的比较

通过数据分析，龙陵黄山羊核心群公羊自出生起体重均大于母羊，而且差异极显著（$P<0.01$）；核心群公羊和母羊体重均大于扩繁群公羊和母羊的体重，其差异如图 2-10 所示。

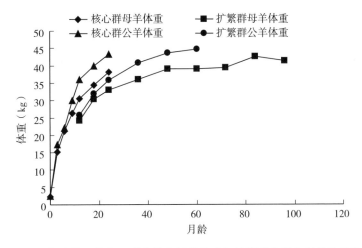

图 2-10　龙陵黄山羊核心群公羊和母羊体重与扩繁群公羊和母羊体重比较

龙陵黄山羊核心群公羊自 3 月龄起体尺均大于母羊体尺，而且差异显著（$P<0.05$）；核心群公羊和母羊体尺均大于扩繁群公羊和母羊体尺，其差异如图 2-11 所示。

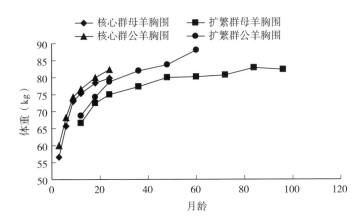

图 2-11　龙陵黄山羊核心群公羊和母羊胸围与扩繁群公羊和母羊胸围比较

第二节　龙陵黄山羊生物学特性

1. 嗅觉灵敏，活泼好动，喜登高　羊的嗅觉比视觉和听觉灵敏，能靠嗅觉识别自己的羔羊；能靠嗅觉辨别植物种类或枝叶，选择含蛋白质多、粗纤维少、没有异味的牧草采食；靠嗅觉辨别饮水的清洁度，喜欢饮用清洁的流水、泉水或井水，对污水、脏水拒绝饮用。

羊生性活泼好动，行动敏捷，好登高是山羊的特点，放牧时游走不定，喜攀登岩石峭壁，在陡坡和悬崖上能跳跃自如。

2. 喜合群，爱清洁 羊的群居性很强，喜欢群居及结伴采食，爱清洁，在采食前总是先嗅后吃，被污染的草料宁可饿也不吃。一般放牧的牧场要定时更换饮水。舍饲时草料要置于草架上或草筐里，不宜放在地上，以免污染。利用羊的合群性，在羊群出圈、入圈、过河、过桥、饮水、换草场、运羊等时，只要有头羊先行，其他羊即跟随头羊前进，并发出保持联系的叫声，为生产中的大群放牧提供了方便。

3. 爱干燥，厌潮湿 羊适宜在干燥地区生活，养羊的牧地、圈舍和休息场都以高燥为宜。潮湿和污秽的环境使羊易患疾病。在建盖羊舍时应选择地势较高、干燥的土坡，且应背风向阳、排水良好。

4. 抗病力强，繁殖率高 羊对疾病的抵抗力较强，不易发病。在发病初期其临床症状一般不易发现，一旦出现比较明显的症状时，病情已经很严重。因此，在饲养过程中，要经常细致地观察羊群中的变化，以便及早发现病情，及时防治。

5. 生理指标 曾维咏等（2016）对 1.5～4 岁的 9 只公羊和 21 只母羊的生理指标进行测定，结果见表 2-15。

表 2-15 龙陵黄山羊生理指标

项目	公羊	母羊
样本数（只）	9	21
体重（kg）	48.70±6.90	42.50±6.65
体温（℃）	38.27±0.20	38.21±0.22
脉搏（次/min）	73.56±6.62	75.81±6.48
呼吸频率（次/min）	21.44±2.24	22.24±2.05
血沉（mm）		
15 min	0	0
30 min	0.04±0.05	0.04±0.05
45 min	0.17±0.05	0.16±0.05
60 min	0.26±0.05	0.26±0.06

（续）

项目	公羊	母羊
2 h	1.08±0.11	0.86±0.33
24 h	6.89±0.78	7.05±0.67
血红蛋白含量（g/L）	82.30±3.70	82.40±3.30
红细胞计数（10^{12}个/L）	13.20±1.15	13.18±0.99
白细胞计数（10^9个/L）	12.33±0.92	12.05±0.82
嗜酸性粒细胞（10^8个/L）	3.55±0.41	3.35±0.26
血小板计数（10^{10}个/L）	36.33±8.94	37.20±7.24
嗜酸性粒细胞占比（%）	6.33±0.71	5.91±0.83
嗜碱性粒细胞占比（%）	0.33±0.50	0.52±0.68
淋巴细胞占比（%）	57.67±4.06	58.19±3.79
单核细胞占比（%）	4.56±0.53	4.33±0.66

第三节　龙陵黄山羊生产性能

龙陵黄山羊为肉用山羊。通常大部分母羊是留作种用，只有毛色等不具备品种特征，或有繁殖障碍、个体较小、发育不良的母羊；又或年龄较大、难以配种的母羊，才被淘汰。淘汰母羊通常不阉割就育肥屠宰，也有部分母羊阉割后再育肥，效果更好、肉质更佳。一般在羔羊出生后 2 周左右、断奶、6 月龄和 12 月龄 4 个阶段选留种羊，最终只有 5% 左右的公羊留作种用，剩余的公羊均阉割后育肥屠宰，此种羊被称为羯羊。被淘汰的种公羊也需阉割后育肥 2 个月以上才能屠宰，否则肉品质很差，膻味太浓。

一、繁殖性能

龙陵黄山羊性成熟早、繁殖率高。公羔 3 月龄开始表现性行为；母羔 4～5 月龄进入初情期。一般母羊在 6 月龄后可参加初配，多数在 12～18 月龄；公羊 18 月龄后投入配种。利用年限公羊为 3～5 年；母羊为 5～7 年。母羊发情季节多集中在 5 月和 10 月，发情周期 17 d 左右，发情期持续 48～72 h。配种方式为自然交配，公羊和母羊比例为 1∶（25～30）。

根据对 2 918 只配种母羊的跟踪调查，龙陵黄山羊群体平均年产 1.5 胎，即 2 年 3 产。母羊妊娠期（148.22±6.37）d。产双羔率为 44%，三羔率为

1.1%，每胎平均产羔率为146%。羔羊3月龄断奶成活率平均为94.5%。

羔羊平均初生重为（2.39±0.51）kg，其中母羊平均初生重为（2.34±0.39）kg，公羊平均初生重为（2.44±0.60）kg。随着每胎产羔数的增加，初生重有所下降。产单羔、双羔、三羔中的母羊初生重分别为（2.45±0.42）kg、（2.27±0.36）kg和（2.12±0.38）kg；公羊初生重分别为（2.54±0.41）kg、（2.38±0.70）kg和（2.18±0.34）kg（表2-16）。

表2-16 龙陵黄山羊的繁殖性能

参配母羊数（只）	2 918	单羔母羊数（只）	456
参配公羊数（只）	133	单羔母羊初生重（kg）	2.45±0.42
受胎率（%）	87.8	单羔公羊数（只）	509
产单羔母羊数（只）	965	单羔公羊初生重（kg）	2.54±0.41
产双羔母羊数（只）	1 566	双羔母羊数（只）	1 627
产三羔母羊数（只）	32	双羔母羊初生重（kg）	2.27±0.36
产母羔数（只）	1 803	双羔公羊数（只）	1 505
母羔初生重（kg）	2.34±0.39	双羔公羊初生重（kg）	2.38±0.70
产公羔数（只）	1 883	三羔母羊数（只）	56
公羔初生重（kg）	2.44±0.60	三羔母羊初生重（kg）	2.12±0.38
		三羔公羊数（只）	40
		三羔公羊初生重（kg）	2.18±0.34

通过加大对产双羔母羊的选留力度，改良草地，加强母羊配种前、妊娠后期和泌乳期的饲养管理，以及羔羊的补饲与饲养管理，龙陵黄山羊的繁殖性将明显提高，可使繁殖母羊产羔率达163.6%，繁殖成活率达161%，双羔率达61.1%，三羔率达1.2%，单羔、双羔和三羔初生重分别达2.49kg、2.33kg和2.15kg。

龙陵县畜牧兽医局还组建了一个龙陵黄山羊高繁品系，双羔率为89%，三羔率为1.5%，每胎平均产羔率为191%，平均初生重为（2.23±0.26）kg。其中，母羊平均初生重为（2.21±0.26）kg，公羊平均初生重为（2.26±0.25）kg。

二、育肥性能

龙陵县畜牧兽医局1999年对20只龙陵黄山羊育成羊分别进行全舍饲60d和半舍饲60d的育肥试验，平均日增重分别为240g和185g，显示出了良好的育肥性能。

陈从亮（2006）将10月龄羯羊102只随机分为3组，白天放牧，夜晚每只羊分别补饲 200 g 精饲料（粗蛋白质含量 18%）、100 g 浓缩料（粗蛋白质含量 46%）、30 g 预混料与糊化淀粉尿素（粗蛋白质含量 46%），在放牧条件下，羯羊在 10～12 月龄的平均日增重分别为（27±8）g、（19±13）g 和（9±8）g，12～18 月龄的平均日增重分别为（35±49）g、（23±44）g 和（20±37）g；在舍饲条件下，每只羊每天采食 2.0 kg 青贮玉米和 200 g 苜蓿草块，并分别补饲 200 g 精饲料补充料、100 g 浓缩料、30 g 预混料与糊化淀粉尿素，12～18 月龄羯羊的平均日增重分别为（110±34）g、（61±23）g 和（45±22）g。此结果说明，饲草饲料对羯羊的育肥效果影响很大。

祝应良等（2017）的研究结果表明，3 月龄断奶母羊和羯羊在人工草场放牧的情况下，平均日增重不足 30 g，每天补饲 330 g 的精饲料补充料，平均日增重可增加到 75～84 g（表 2-17）。

表 2-17 龙陵黄山羊 3 月龄断奶母羊和羯羊育肥效果

组别	样本数（只）	日精饲料采食量（g）	平均日增重（g）
全放牧	16		29.3±0.5
放牧，补饲 A 料	36	335	75.4±1.5
放牧，补饲 C 料	36	327	83.8±2.5
舍饲，限饲自配料 A	16	212	60.4±0.9
舍饲，限饲 A 料	16	397	97.2±1.1
舍饲，限饲 B 料	16	386	103.0±1.0
舍饲，自由采食自配料 B	7	432	100.3±1.9
舍饲，自由采食 A 料	21	583	133.1±1.5
舍饲，自由采食 B 料	21	573	148.8±1.2

注：（1）A 料、B 料和 C 料的粗蛋白质含量分别为 16.7%、17.9% 和 16.2%，脂肪含量分别为 8.5%、7.7% 和 3.8%。

（2）自配料 A 为玉米：豆粕=6：1；自配料 B 为玉米：浓缩料=7：3。

在舍饲的条件下，龙陵黄山羊自由采食青草等粗饲料，补饲 210 g 的玉米和豆饼，平均日增重为 60 g；补饲 430 g 玉米加浓缩料或者 390 g 精饲料补充料，平均日增重为 100 g 左右；如果精饲料补充料采食量达到 580 g，平均日增重可达 133～149 g。说明强化补饲可充分发挥龙陵黄山羊的育肥性能。

祝应良等（2016）对平均体重为 18 kg 的 3～4 月龄龙陵黄山羊羯羊进行

为期 90 d 的育肥试验，结果表明，羯羊在平均采食 1.6 kg 全株玉米青贮饲料和黄竹草（各占 50%）的情况下，每只羊日均补饲精饲料补充料 780～850 g，平均日增重可达 114～145 g，前、中、后 30 d 平均日增重分别为 95 g、110 g 和 187 g，说明补饲粗蛋白质为 16.5% 和 13.5% 的精饲料补充料对龙陵黄山羊的平均日增重无显著影响。

三、屠宰性能和肉品质

（一）屠宰性能

陈从亮（2006）系统地研究了 10 月龄羯羊在不同育肥方式下，分别于 12 月龄和 18 月龄屠宰时的屠宰性能。结果表明，育肥方式明显影响龙陵黄山羊羯羊的宰前活重、胴体重，12 月龄羯羊的平均宰前活重和平均胴体重可分别差 7.1 kg 和 4.1 kg，平均屠宰率相差 3.2 个百分点；18 月龄羯羊的平均宰前活重和平均胴体重可分别差 7.0 kg 和 6.3 kg，平均屠宰率相差 9.6 个百分点。18 月龄和 12 月龄平均胴体重分别为 13.6 kg 和 10.4 kg，相差 3.2 kg。18 月龄羯羊的平均屠宰率、平均净肉率和平均胴体产肉率分别为 49.0%、33.5% 和 67.8%；12 月龄羯羊的平均屠宰率、平均净肉率和平均胴体产肉率分别为 48.0%、35.7% 和 73.0%，随着月龄增加，平均屠宰率有所提高，而平均净肉率和平均胴体产肉率却有所下降。18 月龄羯羊的平均眼肌面积为 11.8 cm²；而 12 月龄羯羊的平均眼肌面积为 10.0 cm²（表 2-18）。

表 2-18　不同育肥模式对 12 月龄和 18 月龄龙陵黄山羊羯羊屠宰性能的影响

屠宰性能	12 月龄屠宰			18 月龄屠宰					
	10～12 月龄放牧			12～18 月龄放牧			12～18 月龄舍饲（青贮＋苜蓿）		
	A	B	C	A	B	C	A	B	C
屠宰数（只）	6	6	6	4	4	4	6	6	6
宰前活重（kg）	25.2	21.3	18.1	28.2	27.0	23.9	30.9	29.9	25.3
胴体重（kg）	12.5	10.2	8.4	14.2	12.8	10.5	16.8	14.9	12.3
骨重（kg）	3.1	2.7	2.4	3.1	2.9	2.3	2.9	2.7	2.4
净肉重（kg）	9.4	7.7	6.0	9.7	8.5	7.2	11.6	10.5	8.3

（续）

屠宰性能	12月龄屠宰			18月龄屠宰					
	10～12月龄放牧			12～18月龄放牧			12～18月龄舍饲（青贮＋苜蓿）		
	A	B	C	A	B	C	A	B	C
屠宰率（％）	49.6	47.9	46.4	50.8	48.3	44.9	54.5	49.8	45.7
净肉率（％）	37.4	36.5	33.3	34.8	32.1	30.8	37.6	34.9	31.0
胴体产肉率（％）	75.4	71.6	71.9	68.8	66.4	68.2	66.5	70.3	66.6
肉骨比	3.1	2.7	2.6	3.1	2.9	3.1	3.9	3.9	3.3
眼肌面积（cm²）	10.6	10.3	9.1	13.1	11.1	10.3	13.4	11.7	11.2
背膘厚度（cm）				0.13	0.14	0.12	0.18	0.14	0.14

注：（1）A、B、C 分别为每天每只羊补饲 200 g 精饲料补充料、100 g 浓缩料、30 g 预混料与糊化淀粉尿素。

（2）舍饲条件下，每天每只羊补饲 2.0 kg 全株玉米青贮饲料和 200 g 苜蓿草块。

龙陵黄山羊羯羊的屠宰率有随宰前活重增加而增长的趋势，但受个体差异、屠宰年龄、饲养水平等诸多因素影响，体重和体况可能起决定性作用，体重越大、体况越好，可获得较高的屠宰率（图 2 - 12）。

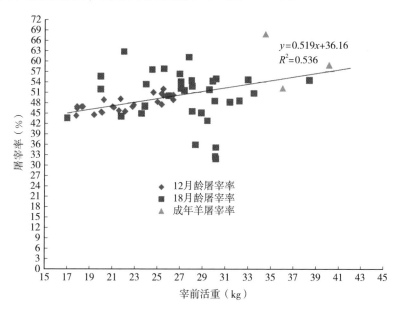

图 2 - 12　不同月龄龙陵黄山羊羯羊屠宰率与宰前活重的关系

黄启超等（2008）和汪善荣等（2008）研究了不同月龄龙陵黄山羊羯羊的屠宰性能，结果表明，龙陵黄山羊于14日龄或者21日龄去势；90日龄断奶，断奶后白天放牧，夜晚补饲，6月龄、12月龄、18月龄和24月龄羯羊胴体重分别为8.8 kg、10.0 kg、14.2 kg和21.2 kg，屠宰率分别为47.5%、41.5%、50.3%和55.5%，净肉率分别为32.4%、35.3%、35.9%和41.1%，眼肌面积分别为7.27 cm²、9.2 cm²、8.9 cm²和12.1 cm²。在实际生产中，通常羯羊要24月龄以后才出栏屠宰，饲养条件好的可在18月龄屠宰。屠宰年龄较小，羊个体小，胴体也小（表2-19）。

表2-19　龙陵黄山羊羯羊不同月龄屠宰性能

屠宰月龄	6	12	18	24
样本数（只）	11	6	6	6
宰前活重（kg）	18.50±1.80			38.10±3.53
胴体重（kg）	8.80±1.00	10.0±0.16	14.20±0.22	21.20±2.71
净肉重（kg）	6.00±1.40	8.50±0.19	9.80±0.16	15.70±1.92
屠宰率（%）	47.50±7.50	41.50±1.39	50.30±0.87	55.50±9.89
净肉率（%）	32.40±5.20	35.30±0.86	35.90±0.89	41.10±6.51
眼肌面积（cm²）	7.27±1.13	9.20±0.67	8.90±0.25	12.10±2.70
骨重（kg）	2.14±0.12	2.70±0.05	2.90±0.07	3.90±0.35
肉骨比	2.64±0.62	3.15	3.38	3.70±0.34
胴体长（cm）	51.90±3.20	48.60±1.82	52.00±0.36	55.80±2.40
胴体深（cm）	22.90±1.90	19.50±1.47	28.60±0.29	31.10±0.90
胴体宽（cm）	17.20±0.55		18.20±0.38	20.10±0.37
胴体后腿围（cm）	21.20±1.60	22.80±0.51	22.50±0.25	26.20±0.50
胴体后腿长（cm）	26.60±1.80	32.90±1.34	35.10±0.27	37.60±1.10
胴体后腿宽（cm）	8.90±0.17	10.80±1.28		

成年龙陵黄山羊羯羊的屠宰率和净肉率要比母羊高（表2-20）。

表2-20　成年龙陵黄山羊屠宰性能

屠宰性能	羯羊	母羊
屠宰数（只）	6	6
宰前活重（kg）	30.41±0.49	28.21±0.93

（续）

屠宰性能	羯羊	母羊
酮体重（kg）	15.87±0.48	14.32±0.53
屠宰率（%）	52.21±0.87	50.34±0.89
净肉重（kg）	12.27±0.22	9.83±0.19
净肉率（%）	40.12±1.03	35.86±1.01
骨重（kg）	3.67±0.08	2.87±0.08
肉骨比	3.34±0.10	3.46±0.09
背最长肌截面面积（cm²）	10.34±0.61	8.92±0.32
背膘厚（cm）	0.15±0.40	0.13±0.01

陈滔等（1999）对云南 6 个地方山羊品种的 18 月龄羯羊进行屠宰试验，结果表明，龙陵黄山羊、圭山山羊、云岭山羊、临仓长毛山羊、马关无角山羊和昭通山羊的屠宰率分别为 48.52%、45.28%、43.61%、41.88%、43.70% 和 42.11%，净肉率分别为 37.51%、34.60%、31.90%、31.25%、31.99% 和 29.87%。龙陵黄山羊的屠宰率和净肉率均显著高于其他品种。

表 2-21　云南 6 个山羊品种 18 月龄羯羊的屠宰性能

屠宰性能	龙陵黄山羊	圭山山羊	云岭山羊	临仓长毛山羊	马关无角山羊	昭通山羊
样品数（只）	4	6	6	6	6	6
宰前活重（kg）	28.60±2.10[ab]	39.12±2.16[c]	26.65±3.16[a]	28.67±2.05[ab]	31.30±1.71[b]	28.57±2.50[ab]
体高（cm）	59.76±4.17[a]	69.43±2.53[a]	56.75±5.11[a]	57.35±3.84[a]	61.25±0.99[a]	57.79±1.40[a]
头重（kg）	2.06±0.39[a]	2.25±0.19[b]	1.80±0.21[a]	1.89±0.10[a]	2.03±0.29[a]	2.03±0.14[a]
蹄重（kg）	0.62±0.11[a]	1.02±0.04[c]	0.76±0.17[ab]	0.90±0.18[bc]	0.93±0.12[bc]	0.61±0.03[a]
皮重（kg）	1.35±0.51[a]	2.32±0.10[c]	1.60±0.25[b]	1.86±0.27[b]	2.20±0.10[bc]	1.99±0.16[bc]
胴体重（kg）	13.36±2.29[a]	17.76±0.93[c]	11.95±0.91[b]	12.03±1.49[b]	13.73±1.00[a]	12.02±1.23[b]
净肉重（kg）	10.41±1.24[a]	13.57±0.67[b]	8.45±1.01[c]	8.97±1.04[a]	10.04±1.22[a]	8.55±1.07[ac]
屠宰率（%）	48.52±0.88[a]	45.28±2.17[c]	43.61±1.37[bc]	41.88±1.54[b]	43.70±1.07[bc]	42.11±1.70[b]
净肉率（%）	37.51±1.59[a]	34.60±1.84[c]	31.91±1.31[b]	31.25±1.19[b]	31.99±2.07[b]	29.87±1.53[b]
骨重（kg）	2.99±0.19[a]	3.70±0.31[b]	2.91±0.18[ac]	2.96±0.41[a]	3.37±0.15[ab]	3.38±0.24[b]
肉骨比	3.49±0.76[d]	3.68±0.31[d]	2.90±0.18[a]	3.06±0.24[ab]	3.00±0.47[b]	2.52±0.22[c]
眼肌面积（cm²）	11.48±1.03[ab]	15.35±1.01[d]	12.85±0.91[a]	11.04±1.58[b]	9.80±0.71[bc]	9.24±1.40[c]

注：同行标有不同字母者差异显著（$P<0.05$），相同字母者差异不显著（$P>0.05$）。

(二) 肉品质

龙陵黄山羊羊肉香味浓郁，细嫩多汁，膻味小，营养丰富。其中，蛋白质含量≥17％，粗脂肪含量≤20％，水分含量≤77％，氨基酸总量≥15％，各项指标见表2-22。

表2-22 龙陵黄山羊12月龄羯羊背最长肌肉营养成分

样品	A1	A3	A5	B1	B3	B5
水分（g）	69.75	68.60	69.70	69.50	68.40	71.90
蛋白质（g）	19.30	18.46	18.75	19.20	18.70	19.70
粗脂肪（g）	8.85	8.00	6.80	8.80	7.80	10.00
灰分（g）	1.27	1.18	1.15	1.20	1.22	1.35
总磷（mg）	195.70	190.20	172.80	178.70	181.90	188.80
钾（mg）	391.80	371.60	377.70	391.50	381.50	397.70
钙（mg）	4.06	3.06	3.17	3.31	3.04	4.29
镁（mg）	13.76	11.54	12.89	13.02	12.87	14.01
铁（mg）	2.51	2.40	2.29	2.20	2.18	2.64
锌（mg）	3.06	2.52	2.75	2.64	2.56	3.15
铜（mg）	0.30	0.25	0.25	0.21	0.24	0.28
锰（mg）	0.032	0.029	0.032	0.031	0.028	0.036
天门冬氨酸（g）	2.05	1.68	1.85	1.89	1.82	2.13
苏氨酸（g）	1.15	0.84	1.08	1.11	1.05	1.25
丝氨酸（g）	0.958	0.682	0.994	1.02	0.952	1.08
谷氨酸（g）	3.11	2.73	2.96	2.81	2.94	3.06
甘氨酸（g）	1.30	0.95	1.18	1.20	1.48	1.32
苯丙氨酸（g）	4.07	3.24	3.95	3.97	3.94	4.22
缬氨酸（g）	1.12	0.77	1.01	1.00	0.95	1.28
胱氨酸（g）	0.202	0.169	0.181	0.193	0.187	0.224
蛋氨酸（g）	0.736	0.575	0.637	0.661	0.689	0.763
异亮氨酸（g）	1.41	0.97	1.23	1.26	1.14	1.32

（续）

样品	A1	A3	A5	B1	B3	B5
亮氨酸（g）	1.68	1.28	1.54	1.58	1.59	1.72
酪氨酸（g）	0.797	0.628	0.736	0.724	0.683	0.796
赖氨酸（g）	2.02	1.59	1.79	1.82	1.68	1.89
组氨酸（g）	0.584	0.433	0.546	0.547	0.565	0.591
精氨酸（g）	1.75	1.22	1.55	1.61	1.56	1.71
脯氨酸（g）	0.802	0.576	0.701	0.781	0.828	0.838
维生素 A（mg）	0.01	0.01	0.02	0.01	0.03	0.02
维生素 C（mg）	1.60	1.90	1.30	3.70	4.90	2.80
维生素 E（mg）	0.41	0.31	0.43	0.52	0.34	0.51
维生素 B1（mg）	0.02	0.02	0.03	0.03	0.05	0.07
维生素 B2（mg）	0.08	0.10	0.08	0.08	0.09	0.15
胆固醇（mg）	48.1	52.5	51.2	51.80	53.3	47.7

注：表中数据为每 100 g 肉中的营养物质含量。

第三章
龙陵黄山羊品种保护

第一节 龙陵黄山羊保种概况

一、保种场概况

龙陵县黄山羊核心种羊场位于龙陵县龙山镇云山办事处，距县城 3 km，于 1998 年投资建设。核心种羊场拥有租赁牧场 134.87 hm²（图 3-1），砖木结构种羊舍 575 m²，药浴池 60 m²，生活用房 310 m²，生产用房 304 m²，水、电、路、通讯等设施完善。该场现有畜牧兽医技术人员 11 人，其中高级畜牧师 5 人，畜牧师 5 人，兽医师 1 人，聘用牧工 25 人。该场主要从事龙陵黄山羊的选种选育及种羊、商品羊的生产销售工作，有完整、系统的原始记录及统计分析资料。

图 3-1 龙陵县黄山羊核心种羊场草地

龙陵县黄山羊核心种羊场拥有木城乡乌木山种羊繁育基地和象达乡勐蚌种羊繁育基地。乌木山种羊繁育基地位于龙陵县南部的木城乡乌木寨村乌木山，距县城 130 km。租赁草场 773.33 hm²，1999 年投资建设，建成技术指导站一个，建筑面积 500 m²，羊舍 20 套、面积 4 480 m²，人工草场 406.87 hm²，饲养种羊 1 600 只。人工草地按饲养单元进行分区围栏，种羊按公、母羊分群饲养，育成母羊、育成公羊专设饲养单元进行培育。基地工作站设资料档案室及兽医室，生产生活设施齐备，水、电、路、通讯均已开通。

勐蚌种羊繁育基地位于龙陵县南部的象达乡勐蚌村，距县城 100 km。2001 年投资建设，租赁草场 920.73 hm²，建成技术指导站一个，建筑面积 220 m²，羊舍 10 套、面积 2 272 m²，人工草地 276.27 hm²，饲养种羊 718 只。人工草地按单元进行分区围栏，种公羊、种母羊、育成公羊和育成母羊按饲养单元实行分群饲养和培育。基地内建有资料档案室、兽医室，并配备相应器械设备，具备开展育种工作的基础条件。

二、保种目标

为进一步把龙陵黄山羊培育成为遗传性能稳定、生产性能好、肉品质优的特色山羊品种，必须把保种选育工作作为产业发展的重要措施来抓，坚持以保种为基础，选育为手段，开发利用为目的，着力打造龙陵黄山羊特色品牌，推进产业化进程。到 2020 年，实现龙陵黄山羊存栏总数达到 25 万只，出栏 20 万只；核心群种羊存栏数达到 1 万只，能繁母羊存栏数达到 10 万只；家系 100 个以上。通过将保护与开发利用相结合，把龙陵黄山羊推向全国，从而达到创特色品牌和经济效益双赢的目标。

第二节　龙陵黄山羊保种技术措施

一、保种原则

龙陵黄山羊的保种坚持纯种繁育、选种选配、杜绝近亲繁殖的原则，减缓保种群体近交系数增量，保持龙陵黄山羊特征性状不丢失、生产性能不下降。同时，实行原产地保护和保种场保护区相结合的原则。

二、保种措施

龙陵黄山羊保种实行政府主导、部门指导、企业运作的方式开展保种选育工作。龙陵县自 1982 年起就部署农牧部门开展保种选育工作，1987 年进行系统的本品种选育工作。在省、市级主管部门的大力支持下，龙陵县在 1991—1996 年实施了龙陵黄山羊良种基地建设项目，1997—2000 年实施了龙陵黄山羊供种基地续建项目，建成了龙陵县黄山羊核心种羊场；2001—2002 年实施了龙陵县人工种草养羊开发项目，建成了乌木山种羊繁育基地、勐蚌种羊繁育基地，核心群种羊达到 3 200 多只。通过这些项目的实施，形成了以龙陵县核心种羊场为龙头，乌木山种羊繁育基地、勐蚌种羊繁育基地为核心，联合育种户（养羊专业户）为基础的龙陵黄山羊良种繁育体系。核心种羊场负责制定选种选育技术方案并对养羊户进行培训和技术指导，负责组织开展种羊鉴定并建立种羊档案，建立了龙陵黄山羊选种选育管理制度。

三、保种方法

（一）组建保种群及家系

将保种群按照血缘和系谱进行分组，采取组间交替交配制度，世代间隔为 4 年。

（二）制定科学的选配制度

严格执行配种原则，即特级种公羊配特级、一级种母羊；一级种公羊配一级、二级种母羊的配种原则，采用不同血统公羊逐代轮换交配的方法进行配种。

（三）采用家系等量留种法留种

按照"一公留一子，一母留一女"的留种原则，选留时以 2～5 胎成年母羊所产后代为主。

（四）规范生产性能测定制度

性能测定记录按照生产周期可分为：繁殖记录（包括羊配种产羔记录，产羔率、羔羊成活率记录），出生记录（包括羔羊初生重、毛色），断奶记录，6 月龄、9 月龄、12 月龄、成年羊体尺、体重记录，种母羊卡片记录，种公羊卡片记录及羊群异动表记录等。

（五）建立完善的种羊档案

保种场建立健全种羊档案，保证连续完整和清晰的原始记录档案，开展种羊登记制度，为科学保种奠定基础。

第三节　龙陵黄山羊种质特性研究

1. 遗传背景　1999 年由云南农业大学牵头对龙陵黄山羊进行了染色体数目及 C - 带，Ag - NORs 等显带进行了分析，同时对来自不同地方的黄山羊线粒体 DNA 进行了限制性片段长度多态性（restriction fragment length polymorphism，RFLP）分析及 46 个血液蛋白酶多态位点的分析。结果显示，龙陵黄山羊的染色体数量为 $2N=60$，与其他山羊无区别。但 Ag - NORs 的显带数目公、母羊不一致，显多态性；20 个限制性内切酶的酶切结果未显多态性，说明龙陵黄山羊与其他山羊来源于相同的原始祖先，现未发现分化；对龙陵黄山羊的血液同工酶及蛋白的 46 个遗传位点的研究结果显示，46 个遗传位点中仅有 4 个位点出现多态，未显示丰富的遗传多态性，因而龙陵黄山羊的遗传差异较小。

2. 肉质特性　龙陵黄山羊肉质细嫩多汁、膻味小、口感好，具有"高蛋白、低脂肪、低胆固醇"的特点，营养丰富，且适口性强，备受消费者青睐。

3. 改良效应　自 1998 年以来，相继有云南农业大学、云南省种羊场、云南省肉牛与牧草研究中心，以及昆明、曲靖、红河、怒江、迪庆、德宏等 10 多个地区从龙陵县引进龙陵黄山羊优质种羊共 1 万多只。据追踪调查，各地方引种后，龙陵黄山羊的适应性及杂交改良效果均显示良好。

第四章
龙陵黄山羊繁育技术

第一节 龙陵黄山羊的生殖生理

1. 性成熟 龙陵黄山羊性成熟早，最早发情出现在 3 月龄，最晚出现在 8 月龄，一般在 5～6 月龄；公羊在 3 月龄即有性欲表现。

2. 发情 龙陵黄山羊发情持续期一般为 48～72 h，最长 72 h，最短 48 h，平均 60 h 左右。发情周期 17 d 左右，最长 23 d。一般母羊在羔羊断奶后（约 90 d）即开始发情，妊娠期 150 d 左右。

3. 初配年龄 龙陵黄山羊 3～4 月龄即有配种表现，此时体重为 12～15 kg，是成年羊体重的 30%～38%，尚未达到体成熟，因此不宜立即配种。初配年龄公羊在 18 月龄左右，母羊在 12～18 月龄。

4. 繁殖利用年限 龙陵黄山羊母羊在 3～6 岁时繁殖力最强，7～10 岁后逐渐衰退，多在 8～10 岁繁殖率降低时淘汰；公羊 18 月龄开始配种，使用年限 3～5 年，5～6 岁后淘汰。

5. 妊娠期 根据调查统计，龙陵黄山羊母羊妊娠期平均为 150 d（142～158 d）。母羊临产特点明显，绝大多数母羊有较强母性和充足乳汁。除少数情况外，很少出现死胎。羔羊出生后的哺育成活率较高，一般在 95% 以上。

第二节 龙陵黄山羊种羊选择与培育

一、种羊选种的方法

龙陵黄山羊选种留种有两种方法。

（1）直接根据种羊本身的表型决定去留，如生长快慢、产量高低、外貌好坏等评定种羊优劣。

（2）依据种羊本身、祖先、同胞和后裔的表型换算成育种值来选择，育种值高的留种，低的淘汰。这种方法选种可靠，但比较复杂，现阶段面对广大养殖户主要用表型选种的方法来选种。

一是看祖先，羊的品质好坏能遗传给后代，遗传性能好而稳定的祖先，生下好后代的概率大，所以要对羊的亲代（父母）的生产性能（体重、体尺、繁殖力、产奶量）和体型外貌等进行考察，如果亲代乃至前几代的生产性能都很好，说明遗传性能稳定，可靠性好，其后代继承祖先优良性能的概率就大。

二是看本身，即看种羊本身的体型外貌、体质、生长发育情况和生产力是否良好。如果种羊本身生长发育快、品种特征明显、外形好、产奶量高、产双羔多，即可留作种用。

三是看后代，优良的种羊能够将好的生产性能遗传给后代，因此要看种公羊和母羊配种后生下的后代是否良好。如果后代均品质优良，甚至某些方面比父母都好，说明种羊遗传性强，种用价值高，可留作种用；如果后代品质差，说明不能作种用，应淘汰。

二、种用标准

选种前，要根据生产方向和品种特征，确定种用标准。龙陵黄山羊是肉用型地方优良品种，选种时可按下列原则进行选择。

1. 种母羊的选择　种母羊应按个体大、生长发育快、产肉率高、产羔多、乳房柔软较大、有一定的产奶性能进行选择。所选种母羊应全身被毛黄褐色或褐色，角型为扁三棱形螺旋状且向外向后弯曲，体格紧凑，全身肌肉丰满，胸宽深，背腰平直，胸腹部呈圆桶状，尻部宽长而不斜，四肢端正结实。

2. 种公羊的选择　种公羊应体大、头大、角大、雄壮，额前有一束黑色长毛，颌下有髯，有明显的"领褂"，颈短粗圆；体质结实，体躯呈长方形，甲宽平，胸深宽，背腰平直，腰角丰满，尻部宽长而平，睾丸大小适中、不下垂，四肢结实、肢势端正、蹄质坚硬。

三、基础群的组建

1. 饲养规模　建立基础羊群时，具体饲养量可根据养羊户的条件、能力等实际情况而定，公、母羊比例为1：（25～30）。

2. 血缘　要求选育基础群内的种羊（尤其是种公羊）间最好没有血缘关系，特别优秀的母羊例外，但数量不宜超过本群母羊总数的10%。除羊场选留的种羊外，其他种羊应尽可能来自不同的地域，以确保选育基础羊群具有广泛的遗传基础。

3. 体型外貌要求　进入基础群的种羊应具有符合龙陵黄山羊要求的体型外貌特征：发育正常，体格健壮，无遗传缺陷，生殖器官和泌乳器官（母羊）良好。

4. 性能要求　主要考虑体重性状和繁殖性状，结合综合评分，性能优良者作为种羊进入基础群。

第三节　龙陵黄山羊种羊性能鉴定

一、龙陵黄山羊公、母羊鉴定方法

鉴定种羊包括年龄鉴定和体型外貌鉴定。

1. 年龄鉴定　主要通过羊的牙齿进行鉴定。成年羊共有32枚牙齿，上颌有12枚，两边每边6枚，上颌无门齿；下颌有20枚牙齿，其中12枚臼齿，两边每边6枚，8枚是门齿，也叫切齿。羔羊一出生就长有6枚乳齿；约在1月龄时8枚乳齿长齐；1.5岁左右，乳齿齿冠有一定程度的磨损，钳齿脱落，随之在原脱落部位长出第一对永久齿；2岁时中间齿更换，长出第二对永久齿；约在3岁时，第四对乳齿更换为永久齿；4岁时，8枚门齿的咀嚼面磨得较为平直，俗称齐口；5岁时，可以见到个别牙齿有明显的齿星，说明齿冠部已基本磨完，暴露出齿髓；6岁时已磨到齿颈部，门齿间出现了明显的缝隙；7岁时缝隙更大，出现露孔现象。为了便于记忆，总结出顺口溜："一岁半，中齿换；到两岁，换两对；两岁半，三对全；满三岁，牙换齐；四磨平；五齿星；六现缝；七露孔；八松动；九掉牙；十磨平"。

2. 体型外貌鉴定　体型外貌鉴定的目的是确定肉羊的品种特征、种用价值和生产力水平。

（1）体型评定　主要通过体尺测定，并计算体尺指数后加以评定。

（2）外貌评定　主要从品种特征、头部、体躯、外阴及睾丸、四肢等方面按百分制进行评定。

（3）种羊综合评级　按照以产肉性能（体尺、体重）为主，外貌鉴定为辅的原则进行综合评级。初生羔羊分为三级，12月龄种羊分为四级，成年种羊分为四级，具体生长发育指标见表4-1至表4-3。

表4-1　龙陵黄山羊初生羔羊分级标准

级别	性别	体重（kg）
一级	♂	2.6
	♀	2.5
二级	♂	2.4
	♀	2.2
三级	♂	2.0
	♀	1.8

注：♂代表公羊，♀代表母羊。

表4-2　龙陵黄山羊12月龄种羊等级标准

级别	性别	体高（cm）	体长（cm）	胸围（cm）	管围（cm）	体重（kg）
特级	♂	61	68	78	8.5	35
	♀	59	64	75	8.0	32
一级	♂	58	63	76	8.5	31～34
	♀	56	60	71	8.0	28～32
二级	♂	55	58	70	7.5	27～31
	♀	53	56	68	7.5	25～27
三级	♂	53	56	66	7.5	22～26
	♀	50	54	63	7.0	20～24

注：♂代表公羊，♀代表母羊。

表4-3　龙陵黄山羊成年种羊等级标准

级别	性别	体高（cm）	体长（cm）	胸围（cm）	管围（cm）	体重（kg）
特级	♂	70	77	88	9.0	50
	♀	65	73	83	8.5	45
一级	♂	68	75	86	9.0	45～49
	♀	62	70	80	8.5	40～45

（续）

级别	性别	体高（cm）	体长（cm）	胸围（cm）	管围（cm）	体重（kg）
二级	♂	65	73	80	8.5	40～44
	♀	60	67	76	8.0	35～39
三级	♂	62	70	75	8.0	35～39
	♀	57	65	70	7.5	30～34

注：♂代表公羊，♀代表母羊。

二、龙陵黄山羊留种要求

1. 选窝（看祖先）　种公羊应从优良公、母羊交配产生的、全窝均发育良好的羔羊中选择；如选择母羊，则要求其母亲是产2胎以上且产的是多羔。

2. 选个体　从初生重和各生长阶段增重快、体型好、发情早的羔羊中选留。

3. 选后代　凡是不具备父母代优良生产性能的后代，不能选留。

4. 定数量　后备母羊的数量要达到需要留种数的3～5倍；后备公羊的数量也要多于所需留种数，以防在育种过程中因淘汰不合格羊而导致数量不足，一般选留10％的公羊，以保证实际使用时有5％的公羊可用。

第四节　提高龙陵黄山羊繁殖成活率的途径与技术措施

（一）加强种羊选育与选配

种公羊必须体质健壮，雄性特征明显，睾丸大，精液品质良好，血统纯正，生长发育快，生产性能好；种母羊要求个体大，生长发育快，产肉率高，产羔多，泌乳和哺乳性能好。

（二）选择适宜的配种年龄

当育成羊体重达到成年羊体重的70％左右时，即为适宜的初配年龄。初配年龄公羊选择在18月龄左右，母羊选择在12～18月龄，公羊初配年龄比母羊稍晚。

（三）加强种公羊和母羊的营养供给

营养条件对种羊繁殖的影响极大，良好的饲养水平可以提高种公羊性欲，改善种公羊精液品质，促进母羊发情和增加母羊发情时的排卵数量。生产中应特别重视配种前 1 个月和配种期公、母羊的饲养，以及妊娠期母羊及哺乳期母羊的饲养，从而提高母羊的受胎率及羔羊的繁殖成活率。

（四）合理利用公羊

通常公、母羊配种比例为 1∶（25～30）。要保证公羊的精液品质，从而达到提高羔羊繁殖成活率的目的。

（五）加强羔羊的饲养管理

通过加强羔羊培育，使羔羊吃足初乳、吃好初乳，做好保暖防寒工作，及时补饲，做好疾病防治和环境卫生工作，从而达到提高羔羊繁殖成活率的目的。

第五章
龙陵黄山羊的营养需要与常用饲料

第一节 龙陵黄山羊的营养需要

羊生长发育及生产所需要的营养物质主要有蛋白质、碳水化合物、脂肪、矿物质、维生素和水。应根据龙陵黄山羊的性别、年龄、体重及生产目的的不同，科学规定其每天摄入的营养物质（表5-1至表5-6）。同时，选择饲料要因地制宜，充分利用当地饲料资源，节约精饲料，降低成本，增加养羊效益。

表5-1 育成及空怀母羊的饲养标准

月龄	体重 (kg)	风干饲料 (kg)	消化能 (MJ)	可消化粗 蛋白（g）	钙 (g)	磷 (g)	食盐 (g)	胡萝卜素 (mg)
4～6	25～30	1.2	10.9～13.4	70～90	3.0～4.0	2.0～3.0	5～8	5～8
6～8	30～36	1.3	12.6～14.6	72～95	4.0～5.2	2.8～3.2	6～9	6～8
8～10	36～42	1.4	14.6～16.7	73～95	4.5～5.5	3.0～3.5	7～10	6～8
10～12	37～45	1.5	14.6～17.2	75～100	5.2～6.0	3.2～3.6	8～11	7～9
12～18	42～50	1.6	14.6～17.2	75～95	5.5～6.5	3.2～3.6	8～11	7～9

注：表5-1至表5-6中的数据均为每只羊每天的饲养标准。

表5-2 妊娠母羊的饲养标准

时期	体重 (kg)	风干饲料 (kg)	消化能 (MJ)	可消化粗 蛋白（g）	钙 (g)	磷 (g)	食盐 (g)	胡萝卜素 (mg)
妊娠 前期	40	1.6	12.6～15.9	70～80	3.0～4.0	2.0～2.5	8～10	8～10
	50	1.8	14.2～17.6	75～90	3.2～4.5	2.5～3.0	8～10	8～10
	60	2.0	15.9～18.4	80～95	4.0～5.0	3.0～4.0	8～10	8～10
	70	2.2	16.7～19.2	85～100	4.5～5.5	3.8～4.5	8～10	8～10

（续）

时期	体重 （kg）	风干饲料 （kg）	消化能 （MJ）	可消化粗 蛋白（g）	钙 （g）	磷 （g）	食盐 （g）	胡萝卜素 （mg）
妊娠 后期	40	1.8	15.1～18.8	80～110	6.0～7.0	3.5～4.0	8～10	10～12
	50	2.0	18.4～21.3	90～120	7.0～8.0	4.0～4.5	8～10	10～12
	60	2.2	20.1～21.8	95～130	8.0～9.0	4.0～5.0	9～12	10～12
	70	2.4	21.8～23.4	100～140	8.5～9.5	4.5～5.5	9～12	10～12

表 5-3　哺乳母羊的饲养标准

项目	体重 （kg）	风干饲料 （kg）	消化能 （MJ）	可消化粗 蛋白（g）	钙 （g）	磷 （g）	食盐 （g）	胡萝卜素 （mg）
单羔及 其日增 重达 200～ 250 g	40	2.0	18.0～23.4	100～150	7.0～8.0	4.0～5.0	10～12	6～8
	50	2.2	19.2～24.7	110～190	7.5～8.5	4.5～5.5	12～14	8～10
	60	2.4	23.4～25.9	120～200	8.0～9.0	4.6～5.6	13～15	8～12
	70	2.6	24.3～27.2	120～200	8.5～9.5	4.8～5.8	13～15	9～15
双羔及 其日增 重达 300～ 400 g	40	2.8	21.8～28.5	150～200	8.0～10.0	5.5～6.0	13～15	8～10
	50	3.0	23.4～29.7	180～220	9.0～11.0	6.0～6.5	14～16	9～12
	60	3.0	24.7～31.0	190～230	9.5～11.5	6.0～7.0	15～17	10～13
	70	3.2	25.9～33.5	200～240	10.0～12.0	6.2～7.5	15～17	12～15

表 5-4　种公羊的饲养标准

项目	体重 （kg）	风干饲料 （kg）	消化能 （MJ）	可消化粗 蛋白（g）	钙 （g）	磷 （g）	食盐 （g）	胡萝卜素 （mg）
非配 种期	40	1.8～2.1	16.7～20.5	110～140	5.0～6.0	2.5～3.0	10～15	15～20
	50	1.9～2.2	18.0～21.8	120～150	6.0～7.0	3.0～4.0	10～15	15～20
	60	2.0～2.4	19.2～23.0	130～160	7.0～8.0	4.0～5.0	10～15	15～20
	70	2.1～2.5	20.5～25.1	140～170	8.0～9.0	5.0～6.0	10～15	15～20
配种 2～3次	40	2.2～2.6	23.0～27.2	190～240	9.0～10.0	7.0～7.5	15～20	20～30
	50	2.3～2.7	24.3～29.3	200～250	9.0～11.0	7.5～8.0	15～20	20～30
	60	2.4～2.8	25.9～31.0	210～260	10.0～12.0	8.0～9.0	15～20	20～30
	70	2.5～3.0	26.8～31.3	220～270	11.0～13.0	8.5～9.5	15～20	20～30

（续）

项目	体重 (kg)	风干饲料 (kg)	消化能 (MJ)	可消化粗 蛋白（g）	钙 (g)	磷 (g)	食盐 (g)	胡萝卜素 (mg)
	40	2.4～2.8	25.9～31.0	260～270	13.0～14.0	9.0～10.0	15～20	30～40
配种 4～5次	50	2.6～3.0	28.5～33.5	280～380	14.0～15.0	10.0～11.0	15～20	30～40
	60	2.7～3.1	29.7～34.7	290～390	15.0～16.0	11.0～12.0	15～20	30～40
	70	2.8～3.2	31.0～36.0	310～400	16.0～17.0	12.0～13.0	15～20	30～40

表5-5　育肥羔羊的饲养标准

月龄	体重 (kg)	风干饲料 (kg)	消化能 (MJ)	可消化粗 蛋白（g）	钙 (g)	磷 (g)	食盐 (g)	胡萝卜素 (mg)
3	25	1.2	10.5～14.6	80～100	1.5～2.0	0.6～1.0	3～5	2～4
4	30	1.4	14.6～16.7	90～150	2.0～3.0	1.0～2.0	4～8	3～5
5	40	1.7	16.7～18.8	90～140	3.0～4.0	2.0～3.0	5～9	4～8
6	45	1.8	18.8～20.9	90～130	4.0～5.0	3.0～4.0	6～9	5～8

表5-6　成年育肥羊的饲养标准

体重 (kg)	风干饲料 (kg)	消化能 (MJ)	可消化粗 蛋白（g）	钙 (g)	磷 (g)	食盐 (g)	胡萝卜素 (mg)
40	1.5	15.9～19.2	90～100	3.0～4.0	2.0～2.5	5～10	5～10
50	1.8	16.7～23.0	100～120	4.0～5.0	2.5～3.0	5～10	5～10
60	2.0	20.9～27.2	110～130	5.0～6.0	2.8～3.5	5～10	5～10
70	2.2	23.0～29.3	120～140	6.0～7.0	3.0～4.0	5～10	5～10
80	2.4	27.2～33.5	130～160	7.0～8.0	3.5～4.5	5～10	5～10

第二节　龙陵黄山羊常用饲料与日粮

一、常用饲料分类及特点

山羊常用饲料可分为粗饲料、精饲料、糟粕类饲料、多汁饲料、矿物质饲料、添加剂类饲料、精饲料补充料等类型。

1. 粗饲料 一般指天然水分含量在60%以下、体积大、可消化利用养分少、干物质中粗纤维含量高于或等于18%的饲料。常见的有干草类饲料、作物秸秆、秕壳类饲料、树叶类饲料、青贮类饲料、氨化饲料、青绿饲料等。

2. 精饲料 一般指容积小、可消化利用养分含量高、干物质中粗纤维含量低于18%的饲料。包括能量饲料和蛋白质饲料。

（1）能量饲料 指干物质中粗纤维含量低于18%，粗蛋白质含量低于20%的饲料。常见的能量饲料有谷实类（玉米、小麦、稻谷、大麦、高粱、甘薯、木薯等）、糠麸类（小麦麸、米糠、玉米皮等）等。

（2）蛋白质饲料 指干物质中粗纤维含量低于18%，粗蛋白质含量等于或高于20%的饲料。有植物性蛋白质饲料、动物性蛋白质饲料、单细胞蛋白质饲料和非蛋白氮饲料4类。

①植物性蛋白质饲料 常见的有豆饼、豆粕、棉籽饼、亚麻饼、玉米胚芽饼、芝麻饼、橡胶籽饼、各种豆类等。其特点是蛋白质含量较高，但必需氨基酸不平衡，且含有不同程度的抗营养因子。

②动物性蛋白质饲料 主要来自渔业、肉食品加工业等，包括鱼粉、肉骨粉、血粉、羽毛粉及蚕蛹粉等。根据我国法律规定，在反刍动物饲料中禁止使用除奶制品以外的动物源性饲料。

③单细胞蛋白质饲料 主要包括一些微生物和单细胞藻类，如各种酵母、蓝藻、小球藻类等。其营养价值较高，且繁殖特别快，是蛋白质饲料的重要来源，很有开发利用价值。

④非蛋白氮饲料 是指供饲料用的尿素、双缩脲、氨、铵盐及其他合成的简单含氮化合物。此类物质对于动物并无能量的营养效应，只是供给瘤胃微生物合成蛋白质所需的氮源，从而起到补充蛋白质营养的作用。

3. 糟粕类饲料 指制糖、制酒等工业中可饲用的副产物，如酒糟、糖渣、淀粉渣等。

4. 多汁饲料 主要指块根、块茎类饲料，包括甘薯、马铃薯、胡萝卜等。

5. 矿物质饲料 包括食盐、含钙磷类矿物质（石粉、磷酸钙、磷酸氢钙、轻体碳酸钙）、骨粉等。

6. 添加剂类饲料 包括营养性添加剂和非营养性添加剂。常见的营养性添加剂有维生素、微量元素、氨基酸等；非营养性添加剂有促生长添加剂、缓冲剂、稀释剂、防霉防腐剂等。

7. **精饲料补充料**　是指为补充以粗饲料、青绿饲料和青贮饲料为基础的草食动物的营养，将多种精饲料、矿物质饲料、维生素饲料、微量元素饲料等按一定比例配制而成的均匀混合物。

二、常用饲料的加工与利用方法

（一）青干草

1. **青干草制作**　在禾本科牧草抽穗期、豆科牧草初花期，选择晴好天气，将刈割的鲜草摊晒于地势高燥的地面，或挂于竹、木或金属制成的草架上，定时翻晒，当牧草水分含量降至 18% 以下时，即可打捆或堆垛贮藏备用。

2. **青干草等级标准**　青干草等级见表 5-7。

表 5-7　青干草等级标准

等级	标　准
一级	以禾本科或豆科牧草为主体，茎叶呈绿色或深绿色，花序及叶损失不到 5%，含水量 13%～16%，有浓郁的干草香味，无砂土，杂草及不可食草不超过 5%
二级	草种类较杂，茎叶呈绿色或浅绿色，花序及叶损失不到 10%，有香草味、含水量 13%～16%，无砂土，不可食草不超过 10%
三级	茎叶色泽较暗，花序及叶损失不到 15%，含水量 13%～16%，有香草味
四级	茎叶发黄或变白，部分有褐色斑点，花序及叶损失大于 15%，香草味较淡
五级	发霉，有霉烂味

3. **青干草的利用**　品质好的青干草是一种营养相对平衡的饲料，可单一饲喂或粉碎后作为精饲料补充料的组成成分使用，低于三级的青干草不宜利用。

（二）青贮饲料

1. **青贮原料**　能用于青贮的原料种类很多，青绿玉米秆、青饲用麦类、瓜、薯藤蔓、蚕豆、洋芋茎叶、芭蕉芋茎叶、野生及人工栽培牧草、饲用树叶等都可利用。

2. **青贮窖**　规模养殖场（户）建议用砖、石、水泥等建成永久青贮窖，根据地形可采用地上窖和半地下窖。窖址应选择在地势高燥、土质坚硬、向阳背风、排水良好、远离粪池和水源、管理和利用方便的地方。窖内壁应平整光滑，窖底内略高于外设排水孔；青贮窖形状和大小，视地形、取用和饲养羊数量、青贮数量而定。制作青贮数量较少时也可用塑料大缸和聚乙烯塑料薄膜青贮袋。

3. 青贮饲料制作方法　青贮时要求原料水分含量为 65%～75%，抓一把切碎的青贮原料搓揉并用力握紧后，指间有汁液出现但不流滴为宜。青贮饲料原料切碎长度以 1～2 cm 为宜。原料入窖后人工或机械压实，要求装一层，踩压一层，并在当天完成；当天无法装填满的可在原料装至一定高度后暂时用薄膜贴紧原料面封闭，第二天再继续装填原料。当原料装至高出窖面 20～40 cm 时，将料面拍成馒头状即可进行封窖，封窖时料面先覆盖 6～8 dmm 聚乙烯薄膜，要求紧贴料面并压严四边，周边留出 20～50 cm 的压边，在青贮窖上面用潮湿泥土覆盖 10～25 cm，再用草席盖上，有条件者最好搭棚防止雨水冲刷和阳光暴晒。用塑料袋、缸装贮时要求先选好安放地点，应防阳光暴晒、防鼠、避免装贮后搬动造成破损。青贮窖（袋）密封好后应加强管理，随时检查。窖顶封土出现干裂或下沉，应及时覆盖封眼，防止漏气。装贮因袋上沙眼或袋子被戳破而出现局部发霉时，应及时用胶布等粘贴。原料一般经 30 d 青贮发酵后就可利用。

4. 青贮饲料的品质鉴定　青贮饲料品质鉴定标准见表 5 - 8。

表 5 - 8　青贮饲料感观评定标准

项目	优良	中等	低劣
颜色	青绿或黄绿光泽近于原色	黄褐色或暗褐色	黑色，褐色或暗墨绿色
气味	有浓郁的芳香酒酸味，给人以舒适感	有刺鼻酸味，香味淡	有特殊腐败味或霉味
结构	湿润，紧密，茎、叶、花保持原状，易分离不粘手，手握指缝间有湿痕，无汁液滴出	茎、叶、花部分保持原状，柔软松散，轻度粘手，质地较干燥或水分较多，手握紧有液滴出	腐烂，污泥状，黏滑或干燥，或黏结成块，叶脉模糊或无结构
适口性	好	较好	差或羊不食
霉烂率	<2%	<15%	>15%

5. 青贮饲料利用　青贮饲料利用前要先进行检查，霉烂和劣质的青贮饲

料不能食用，取用量以当天采食完为宜，青年羊每天每只喂 1～3 kg。大型窖应从上到下垂直截面取喂，取面应平整，每次取的厚度不低于 10 cm，青贮袋、缸从料面取用，取料后及时将塑料薄膜盖严，避免青贮饲料与空气接触，防止泥土等杂物混入。青贮饲料一旦开封应连续取用，直到用完，以防青贮饲料霉变和二次发酵。

（三）氨化饲料

1. 建窖 要求用砖砌成永久窖，做到不漏气、不漏水。为了便于封闭和取料，窖高一般为 1.5 m，宽为 1～1.2 m，长度根据养羊多少而定，最好隔成两格或多格，便于轮流氨化。

2. 氨化方法 选择无霉变的秸秆，最好是新鲜、水分含量在 4%～50%，将秸秆铡短至 2～3 cm。每 100 kg 秸秆加尿素 3 kg、石灰 1.5 kg、食盐 0.3～0.5 kg、水 30～50 kg，将尿素、石灰、食盐与水混匀，喷洒在铡碎的秸秆上拌匀。然后将拌匀的秸秆装一层，踩实一层，装满后的秸秆应高出窖面 30～50 cm，此时用塑料薄膜与水泥窖交接处涂填 20 cm 厚的稀泥进行密封。

3. 氨化时间 秸秆氨化时间与温度有关。温度高，氨化时间短；温度低，氨化时间长。一般夏季氨化时间为 2 周，春、秋季为 4 周，冬季为 6 周，即可开窖利用。

4. 质量标准

（1）颜色 黄褐色为优，暗褐色或黑色为劣。

（2）气味 糊香味为优，无气味或异常气味为劣。

（3）手感 结构松软、湿润为优，粗硬、黏手为劣。

5. 饲喂方法

（1）放氨气 取土揭膜，把经氨化的秸秆取出置放 24 h，待氨气充分散发至无氨气味即可饲喂。

（2）日粮搭配 可全喂氨化饲料，也可按 40%～60% 的比例搭配其他饲草饲喂，可先少喂后多喂，让羊逐步适应。

三、典型日粮配方

龙陵黄山羊淘汰母羊及羯羊精饲料配方见表 5-9。

表 5-9 淘汰母羊和羯羊精饲料配方及营养水平（%）

原料	a 料	b 料
玉米	50	63
麦麸	14	8
米糠	8	9
豆粕	22	14
预混料	6	6
合计	100	100
粗蛋白质	16	13
消化能（MJ/kg）	12.9	13

第六章
龙陵黄山羊饲养管理技术

第一节　龙陵黄山羊羔羊的培育技术

(一) 重视繁殖母羊饲养

应加强母羊妊娠后期和哺乳前期的饲养。胎儿90％的体重增长在妊娠后期（妊娠的后2个月）完成，此期胎儿生长发育迅速，消耗营养多。哺乳前期（产羔后1个月）的母乳是羔羊营养的主要来源，母羊营养好，奶水充足，羔羊就健壮，成活率就高。因此，在这3个月内必须充分满足母羊的营养需要，严格按照饲养标准配制日粮，增加精饲料的用量，提高精饲料营养成分含量。

(二) 做好保暖防寒工作

新生羔羊体温过低是导致其体弱、死亡的主要原因。羔羊正常体温是39～40℃，一旦低于此温度，如果不及时采取措施，羔羊就会很快死亡。因此，产羔舍必须保持适宜的温度，羔羊出生后要及时让母羊将其舔干或人工擦干羔羊身上的黏液。

(三) 及时吃足初乳

母羊产后5 d所分泌的乳汁叫初乳。初乳中含有丰富的蛋白质、维生素、矿物质、酶和免疫球蛋白等，其中，蛋白质含量为13.13％，脂肪含量为9.4％，维生素含量比常乳高10～100倍，血清中球蛋白和白蛋白含量为6％。初乳中矿物质含量较多，尤其是镁含量丰富，而镁具有轻泻作用，可促使羔羊排出胎粪。免疫球蛋白可增进羔羊的抗病力，羔羊出生后 1 个月内对疾病的抵抗力主要来自初乳。但是，羔羊对免疫球蛋白的吸收随着出生时间而迅速下降，24 h 后几乎不能吸收（图 6-1）。所以，初生羔羊应保证在出生后 1 h 内吃到第 1 次初乳，随后 6～9 h 再次吃到初乳，这对提高羔羊的成活率具有重要意义。大多数初生羔羊能自行吸乳，弱羔、母性不强的母羊，需要人工辅助哺乳。对缺奶的羔羊要找保姆羊代哺，或人工喂以奶粉、代乳品等。

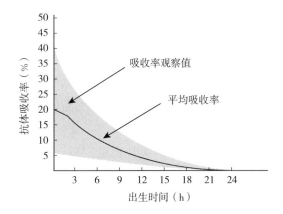

图 6-1 羔羊对初乳中抗体的吸收率与出生时间的关系

（四）做好人工哺乳

羔羊人工哺乳的方法主要是一训练、二清洁和四定。

1. 一训练 羔羊开始不习惯在奶瓶、奶桶或奶盆中吮乳，应细致耐心地训练。用奶盆喂奶时，将温热的羊奶倒入盆内，一只手用清洁的食指弯曲放入盆中，另一只手保定羔羊头部，使羔羊吮吸沾有乳汁的手指，并将羔羊慢慢诱至乳液表面，使其饮到乳汁。这样经过两三次训练，多数羔羊均能适应此种喂法。但要防止羔羊暴饮，或呛入气管内引起肺部疾病。

2. 二清洁 羔羊吮吸后，嘴周围残乳要用毛巾抹拭干净；喂乳用具与羔羊圈舍保持清洁、干燥，扫除羊粪，勤更换褥草。

3. 四定 一定时，即羔羊初生至 20 日龄，每天定时喂乳 4 次，20 日龄以后每天喂乳 2～3 次。二定量，即前几天每只羔羊每次喂乳 200 mL，以后根据羔羊的体重和健康状况酌情增减喂乳量。三定温，即乳汁温度应接近或稍高于母羊体温，以 38～42℃为宜。四定质，即奶汁或乳品必须清洁、新鲜、不变质。

（五）及时补饲

羔羊吮食母乳是通过食道沟反射直接进入真胃和小肠。初生羔羊的瘤胃只有真胃一般大小，到成年后瘤胃是真胃的 10 倍以上。瘤胃是微生物发酵饲料的场所，只有瘤胃发育完全，羊才能采食粗饲料。瘤胃的发育是依靠饲料在瘤胃发酵所产生酸的刺激，如果没有食物进入瘤胃，瘤胃是不发育的。只有饲料进入瘤胃产生挥发性脂肪酸，特别是丙酸和丁酸，才能对瘤胃产生刺激并促进瘤胃发育。产生的酸越多，瘤胃发育越快；瘤胃发育快，羔羊才能采食更多的饲料，进而对瘤胃产生更多的刺激。

此外，母羊的奶通常只能满足羔羊出生后 21 d 内的需要，21 d 以后羔羊必须采食饲料来补充营养。否则，羔羊可能会因为营养供给不足而影响生长发育。

在哺乳期间，羔羊瘤胃很小，不应补饲粗饲料，因为羔羊采食粗饲料量少，产生的酸也少，且产生的主要是乙酸，所以对瘤胃的刺激性也小。因此，及早补饲精饲料，尤其是营养全面、蛋白质含量较高（粗蛋白质 18％）、易消化的精饲料补充料是十分必要的。羔羊出生后 5～7 d 即应补饲精饲料，如果羔羊不习惯采食，应人工诱食，随后让其自由采食；50 d 以后逐渐供给羔羊粗饲料。

当饲料的采食量达到羔羊体重的 1％时，即可考虑断奶。从母羊泌乳曲线来看，70 日龄左右羔羊即可断奶，此时断奶可保证大部分母羊 90 d 发情配种。只有母羊 90 d 内实现配种，才能保证母羊 2 年产 3 胎。如果哺乳期间羔羊没有得到良好的补饲，断奶后难以保证供给足够的优质粗饲料，则断奶时间可延后至 3 个月以上，但最好不要超过 4 个月。

（六）做好疾病防治和保持环境卫生

羔羊抵抗力差，容易发生疾病和寄生虫病，特别是 1 周龄左右容易发生肺炎、脐带炎、羔羊大肠埃希菌病、羔羊痢疾，以及羔羊低血糖症等。应注意卫生，做好各种疾病的预防工作。

（七）加强对羔羊的放牧与管理

羔羊性情活泼，应有一定的运动场，供其自由活动。在运动场内可设置攀登台或木架，供羔羊戏耍和攀登。尤其要注意羔羊采食后常在阴凉处睡觉，易引发感冒，所以要经常让其运动。若发现羔羊发生异食癖，如啃墙土、吞食异物等，则应及时补充矿物质。

（八）尽早去势，适时断奶

不宜作种用的公羊要及时去势，小公羊的去势一般在1～2月龄进行。为了让母羊尽快复壮和抓膘，使其在下次配种时达到较好体况并加快母羊繁殖频率，同时也为了促使羔羊瘤胃尽快发育成熟，增加羔羊对纤维物质的采食量，应尽早对羔羊进行断奶。断奶对羔羊是一种较大的应激，处理不当会引起羔羊生长缓慢或断奶减重，甚至形成"僵羊"。为此，可采取断奶不离圈，断奶不离群的方法，断奶后的羔羊还应加强补饲。农户饲养的羔羊断奶时间不能延长到100日龄后，建议70～80日龄断奶。

（九）羔羊编号

为了测定山羊生产性能，留作种用的羔羊要进行编号，编号方法常用耳标法。羔羊个体编号包括产地名、出生日期（年）、个体号，如碧寨乡梨树坪村生产的羔羊耳号可标为：BZa13007或BZa13002（注意公羊为单号，母羊为双号，公羊戴在左耳，母羊戴在右耳）。羔羊戴耳标的时间一般在出生后20d左右为宜。

第二节　龙陵黄山羊种公羊的饲养管理

一、饲养种公羊的基本要求

应保持种公羊健康的体格、旺盛的性欲和良好的配种能力。

二、种公羊的饲养特点

应保证种公羊营养全面，长期保持既不过肥也不过瘦的种用体况。在配种前1～2个月要增加其营养物质的供应量。常年都要加强种公羊的饲养，特别在冬、春季应补喂优质的饲草，这样才能保持种公羊的种用体况。

三、饲养种公羊的注意事项

（1）在配种期提高种公羊的营养水平，除保障充足的青草或青干草外，每天补喂精饲料 0.5～1.0 kg，视配种情况补喂 1～2 枚鸡蛋。

（2）给予种公羊适当的运动，提高其精子活力。一般每天运动不少于 5 h。

（3）合理掌握配种比例，一般龙陵黄山羊的公、母羊比例为 1∶（25～30）。

（4）公、母羊分开饲养，做好圈舍消毒及环境卫生等工作。

第三节　龙陵黄山羊母羊的饲养管理

一、配种前母羊的饲养

配种前应保证母羊有良好体况，能正常发情、排卵和受孕。营养条件的好坏是影响母羊正常发情和受孕的重要因素，因此在配种前 1～1.5 个月应给予短期优饲，使母羊获得足够的蛋白质、矿物质、维生素。保持母羊良好的体况可以使其早发情、多排卵、发情整齐、产羔集中，提高母羊的受胎率和双羔率。

二、妊娠前期母羊的饲养

母羊的妊娠期为 5 个月，前 3 个月称为妊娠前期，这一时期除应满足妊娠母羊本身所需的营养物质外，还要满足胎儿生长发育所需的营养物质。因此，要加强母羊的饲养管理，供应充足的营养物质，满足母体和胎儿生长发育的需要。

三、妊娠后期母羊的饲养

妊娠后期即母羊临产前 2 个月，这一时期胎儿在母体内生长发育迅速，胎儿的骨骼、肌肉、皮肤和内脏器官生长快，所需营养物质多且质量高。应补喂母羊含蛋白质、维生素、矿物质丰富的饲料，如青干草、豆类秸秆、苜蓿、胡萝卜，并补充矿物质元素（可长期提供舔砖）等。每天每只母羊补喂混合饲料 0.25～0.50 kg。如果母羊妊娠后期营养不足，胎儿发育会受到很大影响，使胎儿初生重小，抵抗力差，成活率低。

妊娠后期母羊的饲养管理应注意：不要喂发霉、腐烂的饲料；加强运动但不能运动过激，防止流产；临产前 3 d 进入产圈，做好接羔工作。

四、哺乳期母羊的饲养

母羊刚生下小羊后身体虚弱，应加强喂养。补喂的饲料要营养价值高、易消化，使母羊恢复健康和有充足的乳汁，保证母羊泌乳机能正常，还应细心观察和护理母羊及羔羊。对产多羔的母羊，因身体在妊娠期间负担过重，一旦运动不足，母羊腹下和乳房有时会出现水肿，此时如果营养物质供应不足，母羊就会动用体内储存的养分，以满足产奶的需要。因此，在饲养上应供给优质青干草和混合饲料。泌乳旺盛期一般在母羊产后 30～45 d，此时期母羊体内储蓄的各种养分不断减少，体重也不断减轻，所以在此时期应给予母羊最优越的饲养条件，并提供最好的日粮。母羊日粮水平的高低可根据泌乳量多少而调整，一般来说，在放牧的基础上，应每天每只羊补喂多汁饲料 2 kg，混合饲料 0.25 kg。泌乳后期要逐渐降低饲料的营养水平，控制混合饲料的用量。此外，羔羊哺乳到一定时间后，母羊进入空怀期，这一时期主要做好放牧和日常饲料管理工作。

第四节　龙陵黄山羊后备羊的饲养管理

后备羊是指断奶后到第一次配种的公、母羊。后备羊若饲养管理不当，在第一个越冬期，轻者体重减轻，重者导致死亡。尤其是产冬羔的羊只，断奶后正值枯草期，若补饲不及时，可能造成不利影响；而产春羔的羊只，断奶后正值青草旺盛期，可以放牧采食青草，这样秋末体重可达 20 kg 左右，一般可以安全越冬。在冬季枯草期，必须加强幼龄羊的放牧管理，补饲青干草、农副秸秆、藤蔓、黑麦草等，有条件的还应每天下午每只羊补饲精饲料 200 g 左右。此外，要保持羊舍干燥、清洁、温暖、定期驱虫。

为了检查幼龄羊的发育情况，在羊 12 月龄以前，可从羊群抽出 5%～10% 的羊，每月称重一次，检查饲喂效果。一般来说，凡是采用科学饲养方法，做到均衡饲养的羊群，冬季体重应略有增长。如果羊的体重急剧下降，必须立即检查原因，采取针对性措施，如补饲、驱虫等，使幼龄羊达到正常生长发育水平。

第七章
龙陵黄山羊疾病防控

第一节　龙陵黄山羊羊场的生物安全

一、防疫设施

养殖场应备有健全的消毒设施，防止疫病传播。养殖场大门入口处设置宽与大门相同，长等于进场机动车车轮一周半长的水泥结构消毒池；生产区门口应设有更衣室、消毒室。羊舍入口处设置消毒池，或设置消毒盆以供进出人员消毒（图7-1）。在正常情况下，养殖场每周消毒1次，疫病发生时每周消毒3次；消毒药可用生石灰、氢氧化钠、有机氯制剂、络合碘、季铵盐类等，对不同场所进行消毒。具体消毒程序：清除场内各种污物，用清水把场内冲洗干净，再用消毒药喷洒消毒。

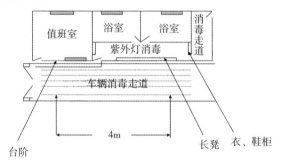

图7-1　规模化羊场入口消毒设施

二、环境卫生

龙陵黄山羊饲养场所的环境卫生质量应符合《畜禽场环境质量标准》（NY/T

388—1999）的规定，符合农业部《动物防疫条件审查办法》的规定，并取得《动物防疫条件合格证》。污水、污物处理应符合国家环保要求，防止污染环境。

（一）饲养场所卫生

龙陵黄山羊饲养场所的选择、布局、设施及其卫生要求，工作人员健康卫生要求，运输卫生要求，防疫卫生要求等必须符合《中华人民共和国畜牧法》、《无公害食品　肉羊饲养管理准则》（NY/T 5151—2002）的规定。羊场应具有清洁、无污染的水源，水质应符合《无公害食品　畜禽饮用水水质》（NY 5027—2008）的规定。经常打扫，定时清除粪便和污水，保持环境的清洁、干燥。粪便等堆积发酵；饲料槽、饮水槽等用具勤刷洗；填平沟渠洼地，杀灭老鼠、蚊蝇和其他吸血昆虫。

（二）饲养场人员管理

工作人员应定期体检，健康无传染病者，方可从事养殖工作。生产人员进入生产区时应淋浴、消毒、更换衣服和鞋子，工作服应保持清洁，定期消毒；场内兽医人员不得对外诊疗动物疾病；场内配种人员不准对外开展羊的配种工作；非生产人员一般情况下严禁进入生产区。

三、引进种羊的卫生要求

龙陵黄山羊实行本品种选育，龙陵县境内不得引入外来山羊血缘进行杂交改良。

四、饲养管理安全要求

（1）饲料和饲料添加剂的使用应符合《无公害食品　畜禽饲料和饲料添加剂使用准则》（NY 5032—2006）的规定，禁止饲喂动物源性饲料；禁止在饲料和饮用水中使用国家明令禁用的药品。

（2）兽药使用应符合《中华人民共和国兽药典》《兽药管理条例》和《无公害农产品　兽药使用准则》（NY 5030—2016）的规定，严格执行所用药物的休药期。

五、消毒灭虫要求

（1）羊场应制定严格可行的消毒制度，并认真执行，最大限度地减少饲养环境中的病原微生物。消毒剂应符合《无公害农产品 兽药使用准则》(NY 5030—2016)的规定,对人和羊安全,没有残留性,对饲养设备、设施没有破坏性,在羊体内不产生有害蓄积;不得使用酚类、甲醛等消毒剂。肉羊生产中的各个场所应定期进行消毒,消毒方法和消毒药物的使用按《无公害食品 肉羊饲养管理准则》(NY/T 5151—2002)的规定执行。

(2)羊场使用的消毒剂有次氯酸钠、有机碘(碘伏)、过氧乙酸、优氯净(二氯异氰尿酸钠)、三氯异氰尿酸、生石灰、氢氧化钠(烧碱)、新洁尔灭、乙醇、次氯酸钙(漂白粉)、戊二醛,以及其他国家批准使用的药物。

(3)用于常规环境消毒的消毒药有0.1%新洁尔灭、0.3%过氧乙酸溶液、0.1%次氯酸钠溶液、150~250 mg/L碘伏溶液、500 mg/L(有效氯)或0.2%优氯净溶液。用上述浓度的消毒药对羊体和环境进行喷雾消毒,以减少传染病的发生。

(4)生产饲料的场所应定期灭鼠,饲料堆放间应设计防鼠设施。饲养场所定期喷洒杀虫药,防止蚊蝇滋生。杀虫、灭鼠工作结束后,应及时清理饲养场所(环境)中的死虫、死鼠和残余鼠药并进行无害化处理,之后进行一次全面的消毒,切断疾病传播途径和消灭传染源。允许使用的杀虫药为氰戊菊酯(速灭杀丁)、溴氰菊酯、除虫菊素等;杀鼠药为溴敌隆、敌鼠钠和大隆等,不得使用国家禁用的急性灭鼠药。

六、免疫程序

龙陵黄山羊饲养场应根据当地管理部门制定的免疫规划,结合本地、本场疫情状况,制定科学合理的免疫程序,实行免疫档案及免疫标识管理制度。根据龙陵县实际情况,可选择表7-1提供的免疫程序。

表7-1 龙陵黄山羊免疫程序

病名	疫苗名称	免疫时间	免疫方法、剂量	免疫期	备注
口蹄疫	牛、羊口蹄疫双价疫苗	每年3月和9月	肌内注射,每只羊1 mL	6个月	适时补免
小反刍兽疫	小反刍兽疫活疫苗	每年3月或9月	颈部皮下注射,每只羊1 mL	36个月	适时补免
羊传染性胸膜肺炎	山羊传染性胸膜肺炎灭活疫苗	每年4月和10月	皮下或肌内注射,成年羊每只5 mL,6月龄以下羔羊每只3 mL	6个月	适时补免

（续）

病名	疫苗名称	免疫时间	免疫方法、剂量	免疫期	备注
羊梭菌性疾病	羊快疫、羊猝狙、羔羊痢疾、羊肠毒血症四联干粉灭活疫苗	每年4月和10月	肌内注射或皮下注射，每只羊1mL	6个月	适时补免
山羊痘	山羊痘活疫苗	每年4月或10月	尾根内侧注射或股内侧皮下注射，每只羊0.5mL	12个月	适时补免
羊口疮	羊口疮弱毒疫苗	母羊空怀期、羔羊10日龄	唇黏膜刺种，每只羊0.2mL	5个月	有此病羊群进行免疫

（一）疫苗使用

羊场所用疫苗必须是经农业部批准生产的产品。采购和使用疫苗时，应充分了解疫苗的种类、免疫方法、有效期、保存条件、注意事项等，以便合理、安全地使用疫苗。疫苗应妥善保存，灭活疫苗应保存在2～8℃冰箱冷藏室内，防止冻结；活毒冻干疫苗应保存在−15℃以下冰箱冷冻室内，冻结保存。若疫苗有特殊保存要求，应按厂家提供的方法进行保存。

（二）接种要求

预防注射疫苗时，应尽量避开母羊妊娠期，必要时选择产羔前6～8周进行。每种疫苗注射后，应间隔15～21d才可进行第二种疫苗注射，以免疫苗发生相互干扰，影响免疫效果。应注意疫苗免疫保护有效期，保护期过后应及时补免。

七、疫病监测和扑杀

规模羊场尤其是种羊场，要定期（至少1年1次）对口蹄疫、布鲁氏菌病和小反刍兽疫等进行监测和抗体评价；对寄生虫病的感染情况和驱虫效果进行评价，以便对免疫程序和驱虫方案进行改进。发现阳性羊应进行扑杀处理，病死羊尸体进行深埋或焚烧；对病羊的分泌物、呕吐物、排泄物进行无害化处理。

第二节　龙陵黄山羊主要传染病的防控

一、口蹄疫

口蹄疫是由口蹄疫病毒引起的偶蹄动物的一种急性、热性、高度接触性传染病，为国家规定的一类动物疫病。其特点是传染性强，传播速度快，流行范围广，预防控制难度大，经济损失严重。临床特征是病羊口腔黏膜、蹄部和乳房等处皮肤发生水疱和溃烂。

1. 病原　口蹄疫的病原为口蹄疫病毒，属于微 RNA 病毒科的口蹄疫病毒属，病毒结构简单，呈球形或六角形，无囊膜。目前有 A 型、C 型、O 型、南非 1 型、南非 2 型、南非 3 型及亚洲 1 型 7 种血清型，龙陵县已发生过的口蹄疫为 O 型和亚洲 1 型。口蹄疫病毒对高温和紫外线敏感，1%～2%氢氧化钠、30%草木灰溶液、0.2%～0.5%过氧乙酸、5%～10%氯制剂对口蹄疫病毒有良好的杀灭作用。

2. 流行病学　口蹄疫最易感动物是牛和猪，山羊感染后发病率低，症状也较轻。多以直接接触方式传播，消化道和呼吸道是最主要的感染门户，也可经损伤的皮肤黏膜感染。羊群流动，畜产品运输，污染的车辆、水源、用具、饲草，以及人员往来都是主要的传播媒介。本病的发生无季节性，一般冬、春季多发。

3. 临床症状及病理变化　口蹄疫潜伏期 1 周左右。初期病羊体温升高，食欲下降，离群，口腔呈弥散性黏膜炎，水疱常发生于硬腭和舌面，经 1～2 d 后破溃，形成烂斑。蹄叉部位的病变因水疱破溃后形成糜烂，有的出现化脓、坏死，严重的蹄匣脱落，病羊跛行。除心脏病变具有重要诊断意义，心包膜有弥散性及点状出血，心肌切面有灰白色或淡黄色的斑点或条纹，似老虎身上的条纹，称为"虎斑心"。

4. 诊断　山羊口蹄疫根据流行病学和临床上典型的跛行，口腔、蹄叉发生水疱和糜烂，可做出初步诊断。确诊需进一步通过实验室血清学方法鉴定。山羊口蹄疫应与山羊传染性脓疱、山羊坏死杆菌病相区别。山羊传染性脓疱常发生于羔羊，病羊口唇、齿龈、耳背部形成脓疱，脓疱破溃后形成桑葚状痂垢。山羊坏死性杆菌病病变主要在蹄部，引起腐蹄病，偶见病羊口唇和皮肤有干性坏死和溃疡，舌面上有白色上皮细胞坏死脱落，而无水疱。

5. 防控措施

（1）预防措施　强化基础免疫工作，于每年 3 月、9 月用口蹄疫疫苗进行免疫，并做好适时补免。

（2）扑灭　发生疫情后要迅速报告，按照《重大动物疫病应急预案》的要求，采取果断措施，尽快扑灭。对疫区要按照"早、快、严、小"的原则，立即隔离病羊，封锁疫点、疫区，严禁放牧和向外出售病羊，并按畜牧兽医行政主管部门的具体要求处置疫情。应彻底清理和消毒被污染的地区、用具等，圈舍、环境消毒采用 5％的碳酸钠（大碱）溶液、10％的生石灰溶液或氯制剂等。羊粪做堆积发酵处理，污染的饲草饲料做焚烧处理，病死羊尸体做焚烧或深埋处理。

（3）人员防护　在防制过程中要加强个人防护，以防人员感染。

二、羊传染性脓疱

羊传染性脓疱俗称"羊口疮"，是由羊传染性脓疱病毒引起的绵羊和山羊的一种急性传染病。患羊以口腔黏膜出现红斑、丘疹、脓疱，继而形成疣状痂块为特征。

1. 病原　羊传染性脓疱病毒属于痘病毒，对外界抵抗力强，痂皮暴露在阳光下可保持感染性达数月。常用的消毒药有 1％～2％氢氧化钠溶液、2％福尔马林溶液、10％石灰水、5％氯毒杀。

2. 流行病学　本病危害山羊和绵羊，以 3～6 月龄羔羊发病最多，有的羔羊刚出生 1 周就被感染，常为群发；成年羊发病多呈散发。本病一年四季均可发生，以春、夏两季发病较多。羊通过直接接触和间接接触该病病原，经皮肤和破损黏膜传染。

3. 临床症状及病理变化　潜伏期 2～3 d，病羊唇部、口角、鼻镜或眼睑皮肤出现散在或融合性丘疹、水疱与痂皮。水疱的持续时间较短，常难以察觉。脓疱呈暗黄色且易破溃，经约 1 周，脓疱表面形成一层坚硬的褐色痂皮，突出于皮肤表面，呈桑葚状。散在性的脓疱经过 2～3 周可康复，融合性脓疱则引起病羊唇部严重疼痛与厌食，羔羊由于饥饿衰竭而死亡。该病多数呈良性经过，病程 2～3 周。

4. 诊断　根据羊传染性脓疱的流行情况，以及病羊口唇有疣状痂皮和桑葚状增生等特征性病变，不难做出诊断。鉴别诊断要与山羊痘相区别，山羊痘出疹呈全身性，且患羊体温升高，全身症状明显。

5. 防控措施　发现病羊应及时隔离和积极治疗，对病羊可用淡盐水清洗患处，除去痂皮和增生物，然后涂擦碘甘油或2%～5%碘酊、土霉素、四环素软膏等来控制继发细菌感染，并对病羊精心护理，给予柔软饲草。

常发病地区可用羊传染性脓疱弱毒疫苗实施免疫预防，一般羔羊出生10 d后即可进行免疫，唇黏膜注射0.2 mL疫苗，免疫期5个月。

三、山羊痘

山羊痘是由山羊痘病毒引起的山羊的热性接触性传染病，临床上以病羊皮肤和黏膜发生特殊的红斑、丘疹、脓疱和结痂为特征。该病是世界动物卫生组织（OIE）规定的A类动物疫病。龙陵县到目前为止没有发生过此病，但自2004年隆阳区部分羊场发生山羊痘以来，云南省多个地区发生山羊痘疫情，对龙陵县的威胁较大，必须高度警惕此病的传入。

1. 病原　山羊痘病毒属痘病毒科，主要存在于病羊的痘痂、浆液内，可存活3个月，而在空闲的羊舍可存活半年之久。山羊痘病毒对热、阳光、碱和常用消毒药均较敏感。

2. 流行病学　该病主要通过呼吸道及含病毒飞沫和尘埃传播，也可通过损伤的皮肤及消化道感染。被病羊污染的用具、饲料、垫草、粪便等都可成为传播媒介。自然条件下，山羊痘只感染山羊，而不感染绵羊及其他家畜。本病多发于春、秋季节，以幼龄山羊的感染性最强。

3. 临床症状及病理变化　该病潜伏期6～7 d，病初患羊体温升高到41～42℃，精神委顿，眼结膜潮红，鼻腔和眼角流出黏脓性分泌物，有的伴有咳嗽。患羊常拱背发抖，呆立或伏卧；在胸背部、腹部、躯干的毛丛中可见到和触摸到隆起于皮肤表面、豌豆至蚕豆大的痘疹。发病初期为红色痘疹，随后痘疹迅速发展形成水疱（脓疱），水疱（脓疱）破溃后，形成褐色痂皮；有的病例痘疹沿呼吸道侵入喉头、气管、肺部，常引起患羊死亡。本病如果以皮肤痘疹为主要症状，则一般经过良好；若发生内脏型痘疹，死亡率可高达30%～50%。

病理变化可见患羊鼻腔、喉、气管黏膜充血，有浆性分泌物；肺有炎性病变，严重者可见黄豆大、灰色或淡红色坏死结节；少数患羊心肌变性，淋巴结肿大。

4. 诊断　该病仅感染山羊，根据患羊皮肤出现红斑、丘疹、水疱、脓疱疹可做出初步诊断。鉴别诊断应与羊传染性脓疱相区别。羊传染性脓疱无体温升高等全身症状，疱疹多数互相混合，并形成增生疣状物，山羊痘在脓疱中央有脐状凹陷。

5. 防控措施

（1）加强检疫监管，严禁从怒江以东地区购入种羊。从龙陵县外购入的种羊要严格检疫和隔离观察，确认无此病后方可混群。

（2）发现疑似疫情及时上报，及时隔离病羊。确诊后对病羊及同群羊进行无害化处理；羊舍及用具可用碱、氯制剂、生石灰水等进行彻底消毒。对受威胁区羊群紧急接种羊痘疫苗。

（3）加强对山羊痘的监测。

四、蓝舌病

蓝舌病是由蓝舌病病毒引起的反刍动物的一种急性病毒性传染病。OIE将其规定为 A 类传染病，主要发生于绵羊。该病的临床特征是病羊发热，白细胞减少，口、鼻、唇和胃黏膜发生糜烂性炎症，以及蹄叶炎和心肌炎等。该病由于病羊的舌、齿龈黏膜充血、肿胀、呈青紫色而得名。病羊在临床上表现消瘦，妊娠母羊流产、胎儿畸形，特别是羔羊发病后因发育不良而导致死亡，造成直接和间接经济损失。龙陵县虽然没有临床病例记载，但近几年的实验室监测结果显示，该病阳性率均在 20% 以上，2013 年采用蓝舌病病毒 ALISA - B 抗体检测试剂盒进行检测，阳性率更高。因此，应加强对此病的监测和流行病学研究，一旦发现临床病例，及时采取相应的防控措施。

1. 病原　蓝舌病病毒属于呼肠孤病毒科环状病毒属蓝舌病病毒亚群的成员。该病毒对外界理化因素的抵抗力很强，可耐干燥与腐败。该病毒在 50% 的甘油内于室温下可存活多年，血液中的病毒经 60℃ 30 min 不能完全灭活，但对 3% 的氢氧化钠溶液、2% 的过氧乙酸溶液很敏感，在 pH 3.0 或更低时则迅速灭活。

2. 流行病学　几乎所有反刍动物对蓝舌病病毒都易感。不同品种、性别和年龄的绵羊都可感染发病，1～1.5 岁青年羊最敏感，地方性土种羊和杂交羊比纯种羊及引进品种羊抗病力强。牛、山羊、鹿及羚羊等反刍动物均可以感染，有时甚至造成动物死亡，但反刍动物对该病的易感性相对较低，可长期带毒，并在蓝舌病不流行时期作为该病毒的主要储存宿主。

该病主要通过吸血昆虫传播，库蠓是本病的主要传染媒介，羊虱、羊蜱蝇、蚊、虻、蜱和其他叮咬昆虫也可作为蓝舌病病毒的携带者和传染媒介。本病也可垂直传染，母羊经胎盘感染胎儿，导致母羊流产、死胎或胎儿先天性异常。

该病的发生具有明显的地区性和季节性，这与传染媒介的分布、活动区域及季节相关，多发于湿热的晚春、夏季和早秋，特别多见于池塘、河流多的低洼地区及多雨季节。

3. 临床症状及病理变化　该病潜伏期为 5～12 d。初期病羊体温升高到 40.5～41.5℃，稽留 2～4 d。病羊表现厌食，精神委顿，落后于羊群，流涎；嘴唇水肿，可蔓延到面部、耳根和颈部；口腔黏膜充血后发绀、呈青紫色，随后唇、齿龈、颊、舌黏膜糜烂，致使吞咽困难；随着病情的发展，在溃疡部位渗出血液，唾液呈红色，由于继发感染而引起黏膜坏死，口腔恶臭。病羊后期消瘦，衰弱，常因继发细菌性肺炎或胃肠炎而死亡。妊娠母羊可经胎盘感染胎儿，造成流产、死胎或胎儿先天异常。

病理变化主要表现在病羊口腔、瘤胃、心、肌肉、皮肤与蹄部。舌、齿龈、硬腭、颊与上唇黏膜糜烂，或形成溃疡面；瘤胃黏膜有深红色区和坏死灶；心外膜有点状或斑状出血，蹄冠周围皮肤出现线状充血带；严重者消化道黏膜有坏死或溃疡，脾肿大，有时有蹄叶炎变化。

4. 诊断　根据本病典型的症状与病理变化可做出临床诊断。血清学试验可通过琼脂扩散试验、ELISA 或间接荧光抗体检测等方法进行确诊。

5. 防治措施　流行地区可用鸡胚化弱毒蓝舌病单价或多价疫苗进行免疫接种，每年在昆虫开始活动前 1 个月注射疫苗，母羊可在配种前或妊娠 3 个月后接种，羔羊在 3 月龄后接种，免疫期可达 1 年。

五、羊传染性胸膜肺炎

山羊传染性胸膜肺炎俗称"烂肺病"，是由丝状支原体山羊亚种引起的山羊特有的急性或慢性高度接触性传染病，临床上病羊呈现高热、咳嗽、肺和胸膜发生浆液性和纤维素性炎症。

1. 病原　山羊传染性胸膜肺炎的病原为丝状支原体，在自然条件下病原抵抗力弱，50℃加热 40 min 可杀灭，对红霉素、四环素高度敏感。

2. 流行病学 病羊和隐性带菌羊是主要的传染源，呼吸道的飞沫传染是主要的传播方式。不同品种、性别和年龄的山羊均易感，但以 3 岁以下的山羊最易感。该病一年四季均可发生，在冬、春季缺草、羊群瘦弱时发病较多；且寒冷潮湿，阴雨连绵，羊群密集、拥挤，均可成为本病的诱因。

3. 临床症状及病理变化 该病潜伏期长短不一，为 2～28 d。病羊体温升高至 41～42℃，伴有短而湿的咳嗽，流浆液性鼻液，随着病程的发展，干咳而痛苦，鼻液转为黏脓性，常附着或粘连于鼻孔和上唇。肺叩诊呈实音，高热稽留，呼吸困难，流泪有液性眼汁，腰背拱起，腹部紧缩，有的伴有腹胀和腹泻，孕羊流产。病程多为 1～2 周，长者可达 3～4 周，最初感染发病者死亡较高，随着流行时间的延长，死亡率逐渐下降。病变多局限于胸腔内器官，胸腔积液呈淡黄色，纵隔淋巴结肿大，布满出血点。一侧肺出现明显的浸润和肝变，肝变区凸出肺表面，质地坚硬，缺乏弹性，呈红色或灰色，切面呈大理石样，肺小叶界限明显，胸膜增厚、有纤维素附着或粘连；心包积液、粘连。

4. 诊断 山羊群陆续出现体温升高、咳嗽、流脓性鼻液，死亡后剖检为胸膜肺炎病变，结合流行病学调查即可做出初步诊断。确诊以病原检查和血清学检查为主。

5. 防控措施

（1）加强饲养管理，做好环境卫生和消毒；尽量避免引种过程中将病羊或带菌羊引入，应将引入羊隔离 1 个月后，确认无病方可混入大群。

（2）对已发生过此病的羊群，每年 3 月和 10 月进行传染性胸膜肺炎疫苗免疫接种。常用传染性胸膜肺炎氢氧化铝疫苗预防，6 月龄羊每只注射 3 mL，6 月龄以上羊每只注射 5 mL，免疫期为 6 个月。

（3）对发病羊应及时隔离治疗或进行无害化处理。治疗可选用红霉素、四环素、恩诺沙星、氟苯尼考等抗菌药物。环境消毒常用 10% 漂白粉或 2% 氢氧化钠溶液；病羊尸体、粪便严格进行无害化处理。

六、羊梭菌性疾病

羊梭菌性疾病是由梭状芽孢杆菌引起的羊的一组传染病，包括羊快疫、羊肠毒血症、羔羊痢疾等，其特点是发病快、病程短、死亡率高，对羊的危害极大。

（一）羊快疫

羊快疫是由腐败梭菌引起的羊的一种急性传染病，临床特征是病羊发病突然、病程短促，真胃黏膜呈出血性、坏死性炎症。

1. 病原　本病病原为腐败梭菌。

2. 流行病学　本病主要发生于绵羊，尤其是 6～18 月龄、营养中等以上的羊多发；山羊也可感染。腐败梭菌常以芽孢形式分布于自然界，尤其是潮湿、低洼及沼泽地带。羊只采食污染的饲料和饮水后，芽孢进入羊的消化道；当遇到不良外界因素影响，特别是在秋、冬季和初春气候骤变、阴雨连绵之际，羊抵抗力降低，腐败梭菌即大量繁殖并产生外毒素，引起羊发病死亡。该病具有明显的地方性特点。

3. 临床症状　发病突然，病羊往往未见临床症状而突然死亡，常见在放牧时死于牧场或早晨发现死于圈内。有的病羊离群独处、卧地、不愿走动，强迫行走时表现虚弱和运动失调。病羊腹部膨胀，有腹痛症状；排粪困难、里急后重，排黑色软粪或稀粪，粪便混杂有黏液或脱落黏膜，间有血丝。病羊体温表现不一，有的正常，有的升高至 41.5℃。病羊最后极度衰竭、昏迷，口流带血泡沫，通常经数分钟到几小时死亡。

4. 病理变化　病羊尸体迅速腐败膨胀，可视黏膜充血、呈紫色；真胃及十二指肠黏膜有明显的充血、出血，黏膜下组织水肿，甚至形成溃疡；胸腔、腹腔、心包膜大量积液，暴露于空气易于凝固；心内膜和心外膜有点状出血；肝脏肿大、质脆，呈煮熟状；胆囊胀大，充满胆汁。

5. 诊断　生前诊断比较困难，病羊真胃及十二指肠发生出血性、坏死性炎症可作为诊断依据。但确诊需要进行实验室检测。

6. 防控措施　加强饲养管理，在常发病地区，每年定期注射羊梭菌病四联疫苗。对病程较长者采用抗生素、磺胺类药物等进行治疗。

（二）羊肠毒血症

羊肠毒血症又称软肾病，类似羊快疫。本病是由 D 型产气荚膜梭菌在羊肠道内大量繁殖产生毒素所引起的一种急性传染病，临床特征为病羊腹泻、惊厥、麻痹和突然死亡，死后肾软如泥。

1. 病原　本病病原为 D 型产气荚膜梭菌。

2. 流行病学　不同品种、年龄的羊都可感染发病，但绵羊多发，山羊较少。D 型产气荚膜梭菌为土壤常在菌，也存在于污水中，羊采食病原菌芽孢污染的饲料与饮水而感染。牧区以春、夏季交替、抢青时和秋季牧草结籽后的一段时间发病较多；农区则多见于收割季节或羊食入大量蛋白饲料时多发。本病流行具有明显的地方性。

3. 临床症状　本病突然发生，病羊很快死亡，很少能见到症状。临床上可分为两种类型：一类以抽搐为特征，病羊在倒毙前四肢出现强烈的划动，肌肉颤抖，眼球转动，磨牙，口水过多，随后头颈显著抽搐，常在 2～4 h 死亡；另一类以病羊昏迷和安静的死亡为特征，病程不急，病羊早期症状为步态不稳，以后倒地，并有感觉过敏、流涎、上下颌"咯咯"作响，继而昏迷，角膜反射消失，有的病羊发生腹泻，通常在 3～4 h 静静死去。

4. 病理变化　病羊肠道（尤其是小肠）黏膜充血、出血，严重者整个肠壁呈血红色，有时出现溃疡；胸腔、腹腔、心包有多量渗出液，易凝固；心内膜、心外膜、腹膜、膈肌有出血点；肺充血、水肿，肝肿大，胆囊增大 1～3 倍；全身淋巴结肿大、出血；肾软如泥，稍加触压即碎烂。

5. 诊断　根据本病突然发生、病羊迅速死亡，散发、多发生于春夏季交替、抢青时和秋季草籽成熟时等流行特点，结合剖检所见软肾、体腔积液、小肠黏膜严重出血等特征，可以做出初步诊断。

6. 防控措施　加强饲养管理，在常发病地区，每年定期注射羊梭菌病三联四防疫苗。对病程较长者采用抗生素、磺胺类药物等进行治疗。

（三）羔羊痢疾

羔羊痢疾是由 B 型产气荚膜梭菌引起的初生羔羊的一种急性毒血症，以病羊剧烈腹泻和小肠溃疡为主要特征。

1. 病原　病原为 B 型产气荚膜梭菌、沙门氏菌和大肠埃希菌等，主要存在于病羊小肠等消化道内及粪便中。

2. 流行病学　本病多发于 7 日龄以内（出生数日至 6 周龄）的羔羊，尤其是 2～3 日龄羔羊发病最多，7 日龄以上的羊很少患病。病原菌主要通过消化道，也可通过脐带或其他创伤部位传播。病原菌主要来自污染的羊舍、饮水和饲料。

3. 临床症状　病初患羊体温高达 40.5～41℃，精神委顿，下痢，粪便先呈糊状，后由黄变灰，之后呈液状，混有血液和黏液；病羊腹痛、拱背、卧地，治疗不及时常引起死亡。

4. 病理变化　病羊尸体严重脱水，尾部沾有稀粪；可见真胃、小肠、大肠内容物呈黄色液状、黏膜充血、肠系膜淋巴结肿大、出血；真胃内有未消化的乳凝块；小肠（尤其是回肠）黏膜充血、发红，可见直径为 1～2 mm 的溃疡灶，其周围有一出血带环绕，肠内容物呈血色；肠淋巴结肿胀、充血或出血；心包积液，心内膜可见出血点；肺常有充血区和淤血斑。

5. 诊断　根据本病多发于 7 日龄以内羔羊，病羊剧烈腹泻，很快死亡，并迅速蔓延全群，剖检小肠发现溃疡灶即可做出初步诊断。确诊需进行实验室检验。

6. 防控措施　加强母羊的饲养管理，保持羊舍清洁干燥。在常发病地区每年定期注射羊梭菌病三联四防疫苗，母羊产前 14～21 d 再接种 1 次疫苗以提高母羊的抗体水平，使羔羊获得足够的母源抗体。羔羊出生后，应合理哺乳，避免饥饱不均，并做好脐带和羊舍消毒。发病羔羊可灌服土霉素 0.2～0.3 g、胃蛋白酶 0.2～0.3 g，每天 2 次；也可用磺胺脒 0.5 g、鞣酸蛋白 0.2 g、次硝酸铋 0.2 g、小苏打 0.2 g，加水适量混合后一次内服，每天 3 次。腹泻脱水羔羊，每天口服补液盐或静脉注射 5% 葡萄糖生理盐水 20～100 mL。

七、羊链球菌病

羊链球菌病是由 C 群马链球菌兽疫亚种引起的羊的一种急性、热性、败血性传染病。在临床上，该病以病羊咽喉部肿胀、大叶性肺炎、胆囊肿大及全身败血症为特征。

1. 病原　羊链球菌病的病原是 C 群马链球菌兽疫亚种，共有 8 个血清型。本菌对外界环境的抵抗力较强，但煮沸可很快被杀死。

2. 流行病学　该菌只感染羊，绵羊比山羊易感性高，发病时无性别和年龄的差异。病羊和带菌羊是主要的传染源，可通过呼吸道排出病原体。

本病主要经呼吸道传播，也可经皮肤创伤和吸血昆虫叮咬传播。新疫区常呈流行性，老疫区则成地方性流行或散发。该病发病率一般为 15%～24%，病死率可达 80% 以上。

3. 临床症状及病理变化　该病多见于新疫区，病羊突然发病死亡，往往不见任何症状。病情稍缓者可见体温升高达 41℃ 以上，精神沉郁，食欲废绝，反刍停止，弓背垂头，呆立不动。呼吸、脉搏加快；眼结膜充血、流泪，之后可见脓性分泌物；鼻腔初期流出浆液性鼻涕，后转为脓性鼻涕；张口呼吸，口腔流出泡沫状涎液；下颌淋巴结和咽喉肿胀；部分病例舌、唇、面颊、眼睑及乳房肿胀，妊娠羊阴门红肿、流产；个别羊有神经症状，死前磨牙、抽搐、惊厥。病程 2～3 d，多因窒息死亡。

病理变化主要表现为病羊的全身性败血症变化；尸僵不全，各器官组织广泛性出血，尤以大网膜、肠系膜最为严重；肺常有大叶性肺炎变化，表现为水肿、气肿和实质出血，肺有肝变区，尖叶坏死，肺脏常与胸膜粘连；淋巴结肿大、出血、化脓、坏死；咽、喉、气管出血、坏死。

4. 诊断　根据流行病学、临床症状及病理变化可做出初步诊断。确诊应进行实验室检查。

5. 防控措施　加强饲养管理，冬、春季做好防寒保暖工作，定期进行环境消毒。常发生该病的地区进行菌苗的免疫接种。发病早期的病羊及时隔离治疗，治疗药物可选用青霉素、磺胺类药物等。

八、羊布鲁氏菌病

羊布鲁氏菌病是羊的一种慢性传染病，属于人兽共患病。该病主要侵害生殖系统和关节。羊感染后，以母羊发生流产和公羊发生睾丸炎为特征。该病的传染源主要是病畜及带菌动物，最危险的传染源是受感染的妊娠母羊，妊娠母羊在流产和分娩时，将大量病原随胎儿、羊水和胎衣排出。本病主要通过羊采食被污染的饲料、饮水，经消化道感染；经皮肤、黏膜、呼吸道及生殖道（交配）也能感染；与病羊接触、加工病羊肉而不注意消毒的人也易感本病。感染本病不分性别、年龄，一年四季均可发生。多数羊为隐性感染，病羊常在妊娠后 3～4 个月流产，流产前食欲减退，口渴，精神委顿，阴道流出黄色黏液；流产母羊多数胎衣不下，继发子宫内膜炎，影响再次受胎。公羊表现睾丸炎，睾丸上缩，行走困难，拱背，饮食减少，逐渐消瘦，失去配种能力。

本病尚无特效的治疗药物，只能加强预防。肉用羊每年抽检，种用羊每只都要检查，将阳性羊扑杀处理，最终建成无病群。发现有呈阳性反应的羊应及时隔离，严禁与健康羊接触。被污染的用具和场地应彻底消毒，流产胎儿、胎衣、羊水和产道分泌物都应深埋。此外，定期接种疫苗是预防本病的有效方法之一，常用布鲁氏菌羊型 5 号弱毒活菌疫苗进行气雾免疫或注射免疫，保护率较高，有效期1年以上。在我国布鲁氏菌病一类地区，要求对牛、羊（不包括种畜）进行布鲁氏菌病免疫；云南省种畜不得注射布鲁氏菌病疫苗。

对种用价值高的羊，可试用以下方法治疗：益母草30g，黄芩18g，川芎、当归、熟地、白术、金银花、连翘、白芍各15g，烘干并研成末，开水冲调，候温灌服。当母羊流产后继发子宫内膜炎时，可用2%高锰酸钾溶液冲洗阴道和子宫，每天1～2次，直至无分泌物流出为止，必要时还可按说明书剂量使用金霉素、土霉素和磺胺类药物治疗。

九、小反刍兽疫

小反刍兽疫俗称羊瘟，是由小反刍兽疫病毒引起的羊的一种急性病毒性传染病，主要感染小型反刍动物。该病以患羊发热、口炎、腹泻、肺炎和结膜发绀等为特征。山羊发病严重，绵羊也偶有严重病例发生。该病发病率高达100%，在严重暴发时，死亡率为100%，在轻度发生时，死亡率不超过50%。幼年动物发病率和死亡都很高。

本病尚无有效的治疗方法，发病初期按说明书剂量使用抗生素和磺胺类药物可对症治疗和预防继发感染。发现病例应立即上报，严密封锁，扑杀患羊，隔离消毒。对本病的防控主要靠弱毒疫苗强制免疫，免疫期3年。

第三节　龙陵黄山羊主要寄生虫病的防控

寄生虫病是对山羊危害较为严重的一类疫病，造成的经济损失十分严重。因此，在山羊生产过程中要高度重视寄生虫病的防控。

一、危害龙陵黄山羊的寄生虫种类

根据临床实际和1985年龙陵县寄生虫区系调查资料显示，对龙陵黄山羊危害严重的寄生虫包括肝片吸虫、前后盘吸虫、印度列叶吸虫、羊仰口线虫、捻转血矛线虫、丝状网尾线虫、莫尼兹绦虫、脑多头蚴、螨、蜱等。

二、寄生虫病的防控措施

对寄生虫病的防治可采取集中统一驱虫与治疗性驱虫相结合的方法。

（1）在每年4月、11月母羊空怀期或羔羊临近断奶时期，选用优质广谱驱虫药（如丙硫苯咪唑、伊维菌素、吡喹酮、百虫杀等）进行集中统一驱除羊体内寄主虫，第二天适当推迟放牧时间，使带虫卵的粪便尽可能排在圈内，驱虫后 3 d 内在固定牧场放牧，然后将该牧场休牧 1 个月以上。体内驱虫结束后，用螨净、除癞灵等体外杀虫剂进行一次药浴。

（2）养殖户在饲养管理过程中要注意观察羊只的膘情和体外寄生虫的感染情况，发现个别感染寄生虫病的羊，要及时进行治疗性驱虫。治疗性驱虫应选用高效低毒的驱虫药，用法、用量要严格按照使用说明书要求。

（3）做好环境卫生和放牧管理，减少粪便对环境、水槽、料槽的污染，减少感染寄生虫病的概率；科学合理地使用牧场，有计划地实施轮牧，减少寄生虫的重复感染；粪便要集中发酵后才可用于施肥。

（4）发现羊只感染脑多头蚴，要及时淘汰，不要让犬吃病羊尸体，同时要追查患有绦虫病的犬，并及时扑杀。被污染的牧场要休牧 3 个月以上。

第四节　龙陵黄山羊常见普通病的防治

一、前胃迟缓

前胃迟缓是羊前胃兴奋性和收缩力降低而引发的疾病。临床特征为羊的食欲、反刍、嗳气紊乱，胃蠕动减弱或停止，可继发酸中毒。

1. 病因　主要是羊体质衰弱，加上长期饲喂粗硬难以消化的饲草，如干玉米秸、豆秸、麦壳等，或者突然更换饲养方法，供给精饲料过多，运动不足，饲料品质不良、霉败冰冻、虫蛀染毒，饲料单一，长期饲喂麦麸、豆面等，也可引发前胃功能障碍。

2. 临床症状　病羊食欲减退或废绝，反刍停止，急性病例瘤胃臌气，左腹增大，叩诊呈鼓音，触诊不坚实，面团样；瘤胃蠕动音前期增强后期微弱，次数减少；嗳气停止，初腹痛、拱背，后精神不振，呼吸、脉搏增数，眼结膜潮红。

3. 防治方法　预防本病首先应消除病因，若过食可采用饥饿疗法，或禁食 2～3 次，然后供给易消化的饲料等。治疗一般先投泻剂，兴奋瘤胃蠕动，防腐止酵。成年羊可用硫酸镁 20～30 g 或人工盐 20～30 g，或用胃肠活加水灌服。防止酸中毒，可灌服碳酸氢钠（小苏打）10～15 g。

二、瘤胃积食

瘤胃积食是因急性瘤胃扩张，充满食物使胃的正常容积增大，胃壁扩张，食糜停滞瘤胃而引起羊消化不良的疾病。该病临床特征为羊反刍、嗳气减少或停止，瘤胃坚实、疼痛，瘤胃蠕动极弱或消失。

1. 病因　该病主要由于羊采食大量喜爱的饲料，如苜蓿、青草、豆科牧草，或养分不足的粗饲料，如玉米秸秆、干草及霉败饲料，或采食干料而饮水不足等引起。这一过程可形成食滞性瘤胃积食，多是原发性的。另外，由于羊过食谷物引起消化不良，常使碳水化合物在瘤胃中产生大量的乳酸，导致酸中毒。前胃迟缓、瓣胃阻塞、创伤性网胃炎、腹膜炎、皱胃炎、皱胃阻塞等也可引起继发性瘤胃积食。

2. 临床症状　发病较快，病羊采食、反刍停止，腹痛摇尾，嚎叫，左腹增大，触摸坚实，瘤胃蠕动音初期增强，后期减弱或停止，多伴有瘤胃臌气。

3. 防治方法　应消导下泻，防腐止酵，纠正酸中毒，健胃、补充液体。消导下泻，可用鱼石脂 $1\sim3\,g$，陈皮酊 $20\,mL$、液状石蜡 $100\,mL$、人工盐 $50\,g$ 或硫酸镁 $50\sim80\,g$，加水 $500\,mL$，一次灌服。解除酸中毒，可用 5％碳酸氢钠 $100\,mL$ 静脉注射，为防止酸中毒继续恶化，可用 2％石灰水洗胃。心脏衰弱时，可用 10％安钠咖 $5\,mL$ 或 10％樟脑磺酸钠 $5\,mL$，静脉注射或肌内注射；也可服用中药大承气汤。对种羊，若判断治疗达不到目的，宜迅速切开瘤胃抢救。

三、肺炎

肺炎是细支气管与个别肺小叶与小叶群肺泡的炎症，一般由感冒或支气管炎症蔓延引起。

1. 病因　多因羊受寒感冒，机体抵抗力降低，物理、化学因素刺激而引起；一些特异性病原微生物和寄生虫也可引起。

2. 防治方法　预防应以加强饲养管理，提高机体抵抗力为主。羊舍密度不宜过大，注意防寒保暖，供给全价营养的草料。治疗可用磺胺类药物和抗生素类药物，体温高时可注射安乃近、安痛定、柴胡等药物对症治疗；心脏衰弱时可用樟脑磺酸钠进行治疗。

四、新生羔羊常见危急症的救治

羔羊在出生时经常发生一些危急病症，如果抢救方法不当或救治不及时常导致死亡，造成很大经济损失。现将羔羊常见危急症及救治方法介绍如下。

（一）羔羊吸入胎水

1. 症状　羔羊出生后呼吸急促、肋骨开张明显，喜站立，低头闭目，因呼吸困难而吮乳间断，口腔及鼻端发凉。如不及时救治病羊多在 3～4 h 后死亡。

2. 治疗　用 50% 的浓葡萄糖注射液 20 mL，加入安钠咖 0.2 mL，一次静脉注射；同时肌内注射青霉素 5 万～10 万 U，间隔 4～6 h 再用药 1 次（如果天气冷可将葡萄糖液及安钠咖加温后再静脉注射）。

（二）初生羔羊假死

1. 症状　羔羊产出后不呼吸，躯体软瘫，闭目，口色发紫，用手触摸心脏部位可感到有微弱的心跳即判定假死，应立即抢救。

2. 治疗　进行人工呼吸。首先擦净羔羊鼻孔及口腔内外的黏液，然后用一只手握住两后肢倒提起，另一只手（或助手）轻轻拍打腰部，促使羔羊排出口、鼻内黏液，然后再将羔羊平稳放在地面草垫上，用口对准羔羊鼻孔吹气，刺激其神经反射；随后用手轻轻拍打羔羊胸部 3～5 次，再用一只手握住两前肢，另一手握住两后肢，同时向内、向外一张一合，反复伸缩，直至羔羊呼吸为止。同时可注射安钠咖等注射液。

（三）脐带挣断出血

1. 症状　羔羊产出后自行挣断脐带或接生不慎拉断脐带而出血不止，精神逐渐不振，结膜苍白，站立不稳，进而失血昏迷，甚至死亡。

2. 治疗　主要根据脐带断裂后残留的长短来处理。如果羔羊出生后十几分钟脐带血流不止，而脐带根尚有残留部分时，用消毒过的缝合线在脐带根部扎紧即可止血，同时注射止血、消炎药物。

（四）产后弱羔

1. 症状　先天性营养不良的羔羊，出生后躯体弱小，腿细瘦弱，不能站

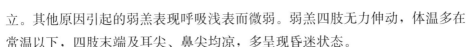
立。其他原因引起的弱羔表现呼吸浅表而微弱。弱羔四肢无力伸动，体温多在常温以下，四肢末端及耳尖、鼻尖均凉，多呈现昏迷状态。

2. 治疗　一是采取温水浴，用大盆盛 40~42℃ 温水，将羔羊躯体沐浴在温水里，头部伸向盆外，防止被水呛死。边洗浴边不时翻动。水温下降时倒出一部分水再兑加一部分热水，始终使水温保持在 42℃ 左右。水浴 0.5 h 后，羔羊口腔发热，睁开眼睛并出现吮乳动作，即取出擦干并放温暖避风处，哺喂初乳。二是对体质弱或病情较重的羔羊，可在温水浴的同时注射 25% 葡萄糖和葡萄糖酸钙各 10 mL。对营养不良的弱羔温水浴后要采取综合措施加以治疗，一方面要加强母羊的补饲，多补喂蛋白质丰富及多汁饲料以保证其有足够乳水；另一方面对弱羔要补喂鱼肝油及人用奶粉，或肌内注射维生素 A、维生素 D；还要精心喂养、辅助吃奶，保持圈舍温暖、清洁，防止被挤压及水浴后因气味改变而被母羊遗弃。

第八章
龙陵黄山羊羊场建设与环境控制

羊场对选址有较高的要求，需要综合考虑自然条件与社会条件。养羊生产工艺、建筑设计与环境控制不能照抄照搬，需要结合当地自然条件、区域基础设施与建筑习惯综合确定。

第一节　龙陵黄山羊羊场选址与建设

场址选择主要应考虑地形、地势、水源、土壤、地方性气候等自然条件，以及饲料和能源供应、交通运输、与工厂和居民点的相对位置，产品应就近销售，羊场废弃物应就地处理。

一、羊场的选址

（一）自然条件

1. 地形和地势

（1）地形　指场地形状、大小和地物（房屋、树木、河流、沟坎等）情况。羊场场地要求地形整齐、开阔、有足够的面积。狭长的场地影响建筑物合理布局，不利于场区的卫生防疫和生产联系。边角过多会增加防护设施等的投资。

（2）地势　指场地的高低起伏状况。要求地势高燥，向阳，平坦，有缓坡。坡度不大于25％，建筑区以2％～3％为宜，坡度过大，将增加土建投资。应避开断层、滑坡、塌方和容易发生泥石流的地段。山区建场还要注意避开坡底、谷底及风口。有些山区的谷地或山坳，常因地形地势的限制，容易形成局部空气涡流的现象，致使场区内污浊空气滞留，使环境潮湿、阴冷或闷热，应尽可能避免。

2. 水源水质　水源一般为降水、地面水、地下水。羊场的水源要求水量充足，水质清洁，便于取用和进行水源保护，并易于进行水的净化和消毒。饮水必须符合我国饮用水水质卫生标准。用水包括人员生活用水、羊群饮水、饲养管理用水，以及消防和灌溉用水。人员用水，每人每天24～40 L；消防用水的水量为10 L/s，至少满足2 h的流量。

3. 土壤及其性质　土壤的物理和化学性质，可影响空气、水和饲料，并间接影响羊群健康与生产力水平。根据土壤粒径小于0.01 mm土粒所占的比例，可将土壤分为砂土（＜10%）、砂壤土（10%～20%）、壤土（20%～60%）、黏土（60%～80%）。其中砂壤土和壤土适于建场。砂土透气性与透水性最好，但易使羊舍昼夜温差大；壤土地面建场，虽然能使羊舍昼夜温差降低，但由于其透气性和透水性较差，容易滋生大量的微生物，这类土壤一旦被污染，净化难度大。在条件难以满足要求时，可以考虑置换地表层土壤。如果投资较大，则应放弃，重新选址。接近地表的土层若含有大量植物根茎等易腐物质及灰渣、垃圾等杂物时，需要将其清除。选择场址时，还需要查阅历史上此处土壤是否发生过化学污染。

（二）社会条件

1. 交通运输与供电条件　羊场每天都要消耗大量的饲料饲草、能源原料，畜产品和粪污也需要运输到场外。为了使生产能顺畅、低耗地运行，羊场选址应尽可能靠近饲料产地和加工地，靠近产品销售地，确保有合理的运输半径。大型集约化羊场，其物资需求和产品供销量极大，对外联系密切，为便于物料运输，场外应通有公路，但应远离交通干线。

选择场址时，还应重视电力条件，特别是集约化程度较高的羊场，羊群的供料、供水，羊舍的清粪、采光、通风、防寒、防暑降温等都必须有可靠的电力保障。为保证生产顺畅，同时降低供电投资，应尽量靠近输电线路，缩短新线铺设距离。一般来说，规模化羊场周边需要有二级以上的供电电源，同时还需要配备发电机，以防停电给生产带来不利影响。

2. 生物安全体系　生物安全体系是通过各种手段以排除疫病威胁，保护羊群健康，保证羊场正常生产，发挥最大生产优势的方法的总称。为保障羊场生物安全，应禁止将羊场场址选择在禁养区（水源、风景、自然保护区）的上游，也应尽可能避免在自然灾害频发和环境污染严重的地区及其周边或下风处建场。为了避免羊场受周边环境的污染，选址应尽可能避开居民点的污水排出口，不能选择在化工厂、屠宰场、制革厂等企业的附近或下风处建场。羊场距离工厂、居民区一般不少于 300～500 m；距大型养殖场不少于 1 000 m；距一二级公路和铁路不少于 300～500 m，距三级公路（省级）不少于 100～200 m，距四级公路（县级）不少于 50～100 m。

二、场区规划与功能分区

在选定的场地上，根据地形、地势和当地主导风向，规划不同的功能区、建筑群，进行人流、物流、道路和绿化等设置，即为场区规划。各个功能区虽在空间上被隔开，但在生产上又彼此联系。根据场区规划方案和工艺设计要求，合理安排建筑物和各种设施的位置和朝向，称为建筑物的布局。建筑物的布局需要根据现场条件，因地制宜，选择合理的方案，根据生产环节确定建筑物之间的最佳生产联系，进行合理布局。羊场功能分区是否合理，各区内的建筑物布置是否得当，不仅直接影响基础建设投资、经营管理、生产的组织、劳动效率和经济效益，而且还会影响场区小气候状况和兽医的卫生管理水平。

（一）功能区

进行场地各功能区的规划时，需要充分考虑未来的发展，在规划上留有余地。根据功能的不同，可分为生活管理区、辅助生产区、生产区、隔离与粪污处理区及饲草饲料生产区。

1. 生活管理区　具体包括办公室、会计室、接待室等。

2. 辅助生产区　主要是供水、供电、供热、维修和仓库等设施，这些设施要紧靠生产区布置，便于为生产区及时提供各类服务；与生活管理区没有严格的界限要求。辅助生产区的精饲料库、青贮池、干草棚三类建筑物在满足防火间距或配备必要的防火设施的情况下，须紧凑布置在一起。青贮池前需要设立青贮时的操作空间，长度与若干相连的青贮池等长，宽度除考虑青贮粉碎机尺寸外，还需满足常用农用车的行驶需求。精饲料库的卸料口设在辅助生产区内，取料口设在生产区内，杜绝外来车辆进入生产区，保证生产区内外运料车不交叉使用。

3. 生产区　是羊场最重要的区域，包括各种羊舍和生产设施，如成年羊舍、产羔羊舍、后备羊舍与青年羊舍。生产规模较小时，划分则不必如此严格。

4. 隔离与粪污处理区　包括兽医室、病畜隔离室、尸坑或焚尸炉，以及粪场、污水处理设施等，应设在场区的最下风向和地势较低处，并与羊舍保持300 m以上的卫生间距。该区应尽可能与外界隔绝，四周应有隔离屏障，如防疫沟、围墙、栅栏或浓密的乔灌木混合林带，并设单独的通道和出入口。处理病死家畜的尸坑或焚尸炉则应高度隔离。此外，还应考虑严格控制该区的污水和废弃物，防止疫病蔓延和污染环境。

5. 饲草饲料生产区　云南基本是半年干季、半年雨季，牧草供给难以做到均衡。因此，龙陵黄山羊通常是放牧加补饲的饲养模式。羊场的建设首先要考虑放牧草场的问题，其次要考虑是否有地种植饲草。按云南饲草生产水平计算，每只存栏羊应有 $0.03 \sim 0.07\,hm^2$ 放牧草场；每 $20 \sim 30$ 只羊应有 $0.07\,hm^2$ 地种植玉米、小黑麦、燕麦、大麦、苕子等，$0.07\,hm^2$ 地种植苜蓿。

(二) 功能区之间的关系

羊场总体布局需要考虑人的工作条件和生活环境，保证羊群免受各种污染源的影响，应遵循以下几点要求。

(1) 生活管理区和辅助生产区应位于场区常年主导风向的上风处和地势稍高的位置，隔离区和粪污处理区位于主导风向的下风处和地势稍低的位置。然而，在实践中同时满足风向和地势需求的场址难以找到，则应以风向为主，地势问题可以通过设置工程防疫设施和利用偏角 (与主导风向垂直的两个偏角) 等措施解决。种羊、产羔舍、产房等防疫要求高的羊舍布置在上风向和地势较高处。

(2) 生产区与生活管理区、辅助生产区应设置围墙或树篱严格分开，在生产区入口设置第二次更衣消毒室和车辆消毒设施。这些设施的入口设置在生活管理区内，另一端设置在生产区内。生产区与场外运输、物品交流较为频繁的有关设施必须靠近场外道路。

(3) 辅助生产区的设施要紧靠生产区布置。对于饲料仓库则要求卸料口开在辅助生产区内，取料口开设在生产区内，杜绝外来车辆进入生产区，保证生产区内外的运料车互不交叉使用。青贮、干草等大宗物料的储存场地布置在位置稍高，干燥通风的地段，且要满足储用合一的原则，布置在靠近羊舍的边缘地带，利于缩短成品饲料到羊舍的运输距离。干草棚常布置在主导风向的下风处，与周围建筑物的距离要满足防火规范要求，距离一般在50m以上，单独建造，满足防火需求；若受到场地限制，无法满足时，可增加设置防火墙。

（4）两栋相邻建筑物纵墙之间的距离称为间距，确定羊舍距离主要考虑日照、通风、防疫、防火和节约占地面积。羊舍间距一般是檐高的3～5倍。为保证环境卫生和防火安全，在建筑物之间应保持一定的距离，以达到预防疾病传播与防止火势蔓延，这段距离分别称为卫生间距与防火间距，一般规定防火间距为12～30m。

（5）生活管理区应布置在靠近场区大门内侧。隔离区与生产区之间应设置适当的卫生间距和绿化隔离带。隔离区的粪污处理设施也应与其他设施保持一定卫生间距，与生产区有专门的道路相连，与场区外有专用大门和道路相通。一般建筑物围墙间距不小于3.5m；如果采用实心墙体的围墙，则羊舍舍间距不小于6m。采用开放式或半开放式羊舍，羊舍与围墙的间距可以适当缩小。

（6）场内道路连接各功能区，生产区各类羊舍也由道路连接。用于羊群转群的道路两侧应封闭，便于顺利转群。道路分为净道和污道，不能混用或交叉，以利于卫生防疫。路面断面的坡度为1‰～3‰，干道宽3～6m，支道宽1.5～3m。道路两侧设排水沟，分为明沟和暗沟。

第二节　龙陵黄山羊的主要养殖方式及羊舍建设

一、龙陵黄山羊的主要养殖方式

（一）放牧饲养

1. 自由放牧　是利用天然草场养羊的一种传统的养殖方式，让羊群在大面积草场（草地）上自由采食牧草。若放牧期间处于草场载畜范围之内，则不会对草场生产力和家畜生产力造成影响。近年来，随着国家退耕还林还草、退耕休牧等政策的实施，自由放牧受到限制。

2. 围栏放牧　是指根据草原具体情况，利用围栏将草场划分成许多小区，根据羊群体况或生理需求的紧要程度，合理安排羊群在围栏内放牧。此种养殖方式可以提高草场产草量，改善牧草品质。

3. 划区轮牧或农区放牧　划区轮牧是将草原或人工草场划分为四季放牧地，按不同季节在不同放牧地上放牧，使其他牧地得到休整，草场得以恢复，防止过度放牧造成草场退化；也可以根据牧地情况划分成若干小区，根据小区特点进行放牧，留出打草区域。农区放牧是利用草山、草坡及其他有青草的田边地块进行放牧，同时利用青绿饲料、农作物副产品等满足羊的营养需要。

（二）半舍饲饲养

半舍饲饲养是介于放牧饲养和舍饲饲养之间的一种养殖方式，当放牧地面积不足或草场产草量不够或牧草品质差时则采用此种方式养羊。不同季节，草场植被情况、产草量和牧草品质有很大差异，特别是冬、春季枯草期，牧草数量和质量都无法满足龙陵黄山羊的营养需要，因此需要进行适当补饲，避免羊饥饿与消瘦。妊娠期母羊和哺乳期羔羊需要特别照顾，应根据不同季节牧草的情况，适当补充饲草和精饲料。

（三）全舍饲饲养

全舍饲饲养的羊群不放牧，转群、配种、产羔及其他日常管理工作均在羊场或羊舍内进行。全舍饲饲养可以为羊提供适合其生长发育和繁殖的环境设施，通过采用优良品种、品系的选育，提供精饲料补充料，实施经济杂交与疫病综合防控等技术手段，使养羊生产有计划地进行，分阶段饲养，按照工厂化形式组织生产，实现全年养殖生产的均衡化。

全舍饲饲养的羊舍一般采用单列式或双列式，舍内配置专门的食槽和水槽，羊在舍内自由活动。这种养殖方式多应用于集约化羔羊育肥。在全舍饲条件下，羊的饲养密度较大，活动空间狭小，舍内环境相对较差，羊的行为不能充分表达，为解决这些问题，可以在舍外设置运动场，运动场配置水槽和草架，让羊可以自由出入羊舍，在运动场上采食多汁饲料和干草，并获得日光照射和适度运动。

二、羊舍设计的基本原则

（一）满足羊的环境要求

通过对羊舍科学的设计和修建，为羊创造舒适的生活环境，包括适宜的温度、湿度、空气质量、光照、地面硬度及导热性等。须满足夏季防暑，冬季防寒；保持地面干燥。

（二）符合羊的生产工艺流程

充分考虑羊的生物学习性和行为需求，使饲养环境、饲喂方式、管理模式能尽可能发挥自然放牧的优势。按生产工艺组织生产，有计划地繁殖，配种、产羔繁殖周期一般为 7~8 个月，对羊群进行合理分群与配种，实现全年均衡生产。考虑羊的生产流程与需要，包括羊群组织、调整和周转，草料运输、分发和供给，饮水的供应及其卫生的保持，粪便的清理、性能测定、防疫、试情、配种，以及分娩母羊和新生羔羊的护理等要求，有利提高管理效率。

（三）符合卫生防疫要求

在设计和建造羊舍时，应考虑兽医防疫的实施，如消毒设施的设置、有害物质（羊的脱毛、塑料杂物）存放设施的设置等。应有利于预防疾病传入和减少疾病发生与传播。

（四）羊舍应结实牢固，造价低廉

羊舍及其内部的一切设施，特别是圈栏、隔栏、圈门、饲槽等，须修建牢固，以降低维修成本。在羊舍修建过程中还应尽量就地取材。

三、羊舍类型

（一）非标准羊舍

1. 普通羊舍 普通放牧羊舍建成楼式羊舍，大小根据饲养规模和地形确定。房顶与地面的距离为 1.5~2.0 m，楼房柱子直径约 20 cm，围栏采用圆木、竹子、铁皮等材料，羊床用木条、竹子、圆木搭建，漏缝地板间距 1~

1.5 cm，以能漏下羊粪尿而不夹住羊脚为宜。

2. 龙陵黄山羊独特的羊窝子羊舍　龙陵县峰峦叠嶂、沟壑纵横、地势高低起伏。龙陵县人民结合当地的地形地势特点，形成了一种具有高原特色的山羊养殖方式，即借助倾斜地势，建成简易的楼式羊舍。此种羊舍的主体结构材料是木材，屋顶材料是茅草与野竹，羊舍为开放式，采用木制漏缝地板，羊与粪便不接触、透气良好，舒适度较好。

（二）标准羊舍

生产中常见的羊舍有"一"字形羊舍、高床羊舍与棚式羊舍，"一"字形羊舍是东西长、朝南向阳的长方形建筑。龙陵黄山羊场常见羊舍包括开放式羊舍、半开放式羊舍和密闭式羊舍等五种。

1. 开放式羊舍　此种羊舍三面有墙，南面无墙而完全敞开，用运动场的围栏或围墙围住羊群。敞开式羊舍也可无任何围墙，只有屋顶和地面，外加栅栏式围栏或矮墙，一般在炎热地区采用。羊在开放式羊舍饲养能获得充足的阳光和新鲜的空气，并能在运动场自由活动，增加运动量，有益于山羊的健康；不足之处是舍内昼夜温差大，保温防暑性能差。为此，可在夏、秋季采用开放式饲养，冬、春季采用卷帘（单层或双层）适当封闭羊舍，为羊提供一个较为舒适的环境。

2. 半开放式羊舍　此种羊舍有屋顶、东西北三面有高墙，南面为矮墙，上半部完全敞开，设运动场或不设运动场。半开放式羊舍采光和通风良好，但其除对冷风有一定的遮挡外，舍内环境受外界气候的影响依然很大。由于龙陵黄山羊被毛较绵羊薄，羊舍温度必须维持在5℃以上。

3. 密闭式羊舍　此种羊舍四面有墙，砌至屋檐，屋顶、墙壁等外围结构完整，墙上有窗或无窗。密闭式羊舍又分为有窗密闭舍和无窗密闭舍，对环境的控制能力视围护结构的选材和制作方法而有所不同。若围护结构和地面有保温隔热设计，则可有效地改善羊舍环境。密闭式羊舍的优点是冬季保温性能好，受舍外气候变化影响小，舍内环境可实现自动控制，有利于羊的生长；缺点是对电的依赖性很强。由于受能源短缺的制约，通常采用有窗密闭式羊舍，根据外界气候条件调节窗户的开启程度。

4. 楼式羊舍　此种羊舍一般为砖木结构、木结构或砖混结构。根据饲养规模和地形确定修建单列式羊舍或双列式羊舍。楼式羊舍外观呈楼式结构，形似两层楼，也称为高床羊舍，羊在楼上活动，楼台距地面 $1\sim2\,m$。楼板为漏缝地板，下为接粪的斜坡。此种羊舍的特点是漏缝地板与地面有一定的高度，防潮、透气性良好，适合炎热、潮湿地区。羊不与粪便接触，避免寄生虫的传染，可减少羊的发病率，有利于羊群健康。各类羊舍内部的羊圈分单列式与双列式，生产中双列式羊舍居多。

5. 隔离舍　规模养殖场应设病羊隔离舍，建在羊场下风向，与羊舍距离 $50\,m$ 以上。

（三）羊舍的屋顶形式

1. 单坡式　屋顶由一坡面构成，构造简单，排水顺畅，通风和采光好，造价低；但冬季保温性差。

2. 双坡式　根据两个坡面的长度分为等坡式或不等坡式两种，其优点与单坡式羊舍相同，保温稍好，造价略高。

3. 拱顶式　拱顶式的结构材料分为砖石和轻型钢材。砖石结构为砌筑而成，可以就地取材，造价低廉；但用工较多，费用较高。而轻钢结构的配件可以预制，快速装配，施工建造速度较快。

四、羊舍建设

（一）平面布置形式

羊舍平面布置形式与饲养工艺有很大关系。采用大群散养模式时，羊舍内基本不设圈栏，一般只设置饲喂通道和清粪通道。全舍饲饲养模式时，圈栏的平面布置形式有单列和双列式。

1. 单列式羊舍　通常将圈栏布置在南侧，在北侧设置饲喂通道，具有通风和采光良好、舍内空气清新、能有效防潮、建筑跨度小、构造简单等优点；缺点是建筑利用率低，一般在农户养殖或中小规模羊场采用。

2. 双列式　羊舍中央设置饲喂通道，两侧布置圈栏，通常在紧邻圈栏的舍外设置运动场，优点是中央饲喂通道能同时为两侧圈栏的山羊服务，建筑利用率高，利于管理，便于实现机械化饲养；缺点是采光、防潮不如单列式羊舍。双列式羊舍是规模化羊场中采用最多的一种羊舍。在生产中采用单列式羊舍或双列式羊舍要根据劳动定额、生产工艺、饲养规模、地形地势等情况综合考虑。

（二）羊舍跨度和长度

羊舍的跨度和长度主要根据舍内布局和羊群规模确定，可根据饲养羊群的类别、数量、饲养面积和采食占位，结合通道、粪尿沟、食槽等设置，初步确定羊舍的长度和跨度，最后根据建筑模式要求，对跨度和长度进行适当调整。在生产实践中，考虑设备安装和工作方便，羊舍长度一般在50～80m。羊舍长度过长时，考虑设置伸缩缝。单坡式羊舍跨度一般在5～6m，双坡单列式羊舍跨度为6～8m，自然通风双坡双列式羊舍跨度为9～12m；若采用机械通风，羊舍跨度可以增加至12～15m。

（三）门窗的布置

羊舍门窗的设置对保温隔热、通风和采光都有影响。为避免羊进出羊舍时发生拥挤，羊舍门宽一般为2.5～3.0m。寒冷地区需设门斗防止冷空气进入。羊舍不设门槛和台阶，有斜坡即可。羊舍窗户的面积一般为占地面积的1/15～1/10。窗户应向阳，保证舍内光线充足，以利于羊的健康。同时还可以设置天窗，以利于降低舍内温度、湿度和保持舍内空气清新。

（四）羊舍剖面设计

在设计羊舍时，可根据饲养工艺模式、当地气候条件及经济技术水平，选择双坡式、单坡式、钟楼式或其他形式。羊舍高度由羊舍类型及所容纳的羊数量决定，一般为2.5m左右。单坡式羊舍，一般前高2.2～2.5m，后高1.7～2.0m，屋顶斜面呈45°。羊舍窗台的高度一般为1.3～1.5m。确定门窗位置和尺寸时，应按光线入射角、透光角计算窗的上下沿高度。门洞口的底标高一般同地平面标高，羊舍外门一般高1.8～2.2m，北侧墙的窗底标高一般为1.8～2.2m。一般情况下，羊舍内外地面高度差在200～600mm，取值要考虑当地的降雨情况。羊舍外坡度为10%～12.5%；舍内地面的坡度一般羊床部分应保证1%～1.5%，以防羊床积水潮湿，地面应向排水沟有1%～2%的坡度。

（五）羊舍构造

1. 地面　羊舍地面也称为羊床，是羊活动、休息、排泄和生产的场所。其保温性能、舒适度、卫生状况的好坏，对羊的生长发育、健康状况和生产性能有很大影响。舍饲饲养中，羊舍地面易潮湿，羊舍湿度大，容易导致大量微生物的繁殖而引发各种疾病。因此，必须加强羊舍地面的处理，使地面不返潮、少导热，保持干燥，坚实不滑，平整无裂隙，有一定弹性，便于羊行走、躺卧，以利于预防蹄病。羊舍地面有实体地面和漏缝地板两种类型。

（1）实体地面　按地面材料，实体地面可以分为石地面、混凝土地面、木质地面、三合土地面、砖地面等。石地面和水泥地面具有坚固耐久等优点，但不保温、硬度高，冬季寒冷、潮湿，对羊极为不利。木质地面保温，也便于清扫和消毒，但成本过高。三合土或砖地面具有良好的保温和排水性能，三合土不能承受污水或尿液长时间的浸泡，砖地面不易清理，但总体上两者是比较适合山羊舍的地面类型。实体地面应有 1%～1.5% 的坡度，便于排水，有助于卫生和清扫。

（2）漏缝地板　能为羊提供干燥的躺卧区，可用软木条或钢丝网等材料制成。如采用宽 32mm、厚 36mm、缝隙宽 10～15mm 的木条制成的地板，适于成年母羊和 10 周龄羔羊使用。为了提高羊床的使用年限，便于羊行走，羊床可使用宽 10～12cm、厚 4cm 左右的木板铺设。采用镀锌钢丝网漏缝地板时，其网眼面积小于羊蹄的面积。炎热地区采用的楼式羊舍，是将漏缝地板铺设在离地面有一定高度的床架上，地板一般选用结实、厚薄一致的木条或竹片，缝隙为 10～15mm，以利于羊粪落下。

2. 地基　简易羊舍和小型羊舍，负荷小，可直接建在天然地基上，但天然地基也要具备足够的承载能力。对于大型羊舍或现代化羊舍，要求必须具备足够的承重能力，因此采用砖石、水泥、钢筋混凝土等建筑材料为地基。地基应具备坚固持久、抗机械振动、抗冲刷、防潮等功能。

3. 墙体　是羊舍的主要围护结构和承重结构，总体要求坚固耐久，抗震防火，便于清扫、消毒，具有良好的保温隔热性能。砖墙是最常用的一种墙体，但是实心黏土砖正逐步被限制使用甚至取消使用。非承重墙或上部荷载不大时也可采用空心砖作为墙体材料。随着建筑材料的发展，羊舍可优先采用装配式轻钢结构和聚苯乙烯夹芯板等新型保温墙体，可以加快羊场的建筑速度。

4. 屋顶与天棚　屋顶是围护结构中散热最多的部位，应结构简单，坚固耐久，保温隔热性能良好，防雨防火，便于清扫消毒。可用陶瓷、石棉瓦、木板等材料，也可用彩色钢板、聚苯乙烯夹芯板、树脂瓦等新型材料。天棚将羊舍檐高以下空间与屋顶以下空间隔开成两部分，在屋顶下和天棚上形成一定的缓冲空间，增强羊舍冬季的保温与夏季的隔热性能。天棚一般用导热性小、结构严密、不透水、不透气的材料，本身结构要求简单、轻便、坚固耐用，有利于防水；表面要求光滑，易保持清洁，最好刷成白色，以增加舍内的光照。

5. 内部结构

（1）羊舍高度 总高度 4.0～5.0 m，其中下层 1.5～2.0 m，上层 2.5～3.0 m，羊舍屋檐距地面高度 2.5 m 以上，四周建砖墙或用木材作围栏，羊舍宽 2.5～4 m，长度根据地形和饲养规模确定。

（2）羊舍面积 羊舍面积根据养殖规模确定，每只羔羊占有圈舍 0.5～1.0 m²，每只成年羊占有圈舍 1.0～1.2 m²，每只种公羊占有圈舍以 2.0 m² 为宜。

（3）过道 羊舍中设 1.5～2.0 m 宽的过道，羊床下设积粪斜坡，积粪斜坡坡度为 30°以上，便于羊粪清理。

（4）运动场 舍饲养殖方式中，为满足山羊的行为需求，增强其体质与疫病免疫力，常在羊舍两侧设置运动场。舍外运动能改善种公羊的精液品质，提高母畜受胎率，促进胎儿正常发育，减少难产，因此给山羊提供运动场是完全有必要的。运动场通常设置在背风向阳的地方，一般位于相邻两栋羊舍之间。运动场地面要求排水良好，坡度以 1%～3% 为宜，地面以沙壤土最好；如果为壤土土质，需掺加一定量的细沙，提高地面渗水能力。沙壤土或壤土掺加细沙改良的地面除排水良好外，还可以提高山羊行走和躺卧的舒适度。运动场地面也可以采用砖地面。运动场的面积按每只羊 4 m² 建设，围栏高度为 1.0～1.2 m；饲养种公羊的运动场，为防止羊跨越，围栏高度为 1.3～1.5 m，但不能对羊体造成伤害，并保证羊不会逃走。围栏可以采用钢管类栅栏、实体墙、镂空墙等。

第三节 龙陵黄山羊羊舍设施设备

一、羊舍内设施设备

（一）羊床

羊床设计质量对山羊躺卧休息的舒适度有很大影响，舒适度较好的羊床，山羊躺卧利用率高，反刍行为充分，饲料利用率较高。羊床根据材质的不同分为实体地面羊床、漏缝地板羊床。采用漏缝地板羊床，山羊与粪便不接触，环境卫生相对较好。然而，由于山羊没有致密的被毛，漏缝地板的板条影响山羊的躺卧舒适度，因此常采用组合地面的羊床，即紧邻饲槽的是实体地面，然后是粪沟之上的漏缝地板。羊床漏缝地板的安装高度取决于清粪方式，采用刮粪板清粪时，粪沟深度与刮板尺寸有关，通常为 0.8～1.0 m；采用人工清粪时，常将漏缝地板下方做成斜坡，借助羊粪颗粒的滚动性，在羊舍外直接收集。在山区陡峭地区修建小型羊舍时，一般在距地面 1.2～1.5 m 处铺设漏缝地板或板条。根据羊的饲养规模与组群需要，将羊床分隔成若干单元。

（二）颈枷

颈枷安装在羊床前，做成 Y 形，一般上部宽 40 cm，高 20 cm，下部宽 10～15 cm，高 30 cm。在颈枷上设计活动杆，成年羊活动杆的位置在高 25 cm 处，小羊在高 18 cm 处，用于固定羊，避免羊钻入料槽内。为节省投资，也可采用铁栅栏或结实的木栅栏，围栏高度不低于 1.2 m。栏杆间隙规格：对于母羊，上部宽 15 cm，下部宽 10 cm；对于公羊，上部宽 20 cm，下部宽 15 cm；对于羔羊，上部宽 12 cm，下部宽 7 cm。

（三）料槽

料槽通常安装在颈枷前方，有固定式和移动式两种类型。固定式料槽用砖、石、水泥等材料砌成；移动式料槽用厚木板或铁皮等材料制作而成。料槽内表面要求光滑、耐用，下宽 25 cm，上宽 50 cm，深 20～25 cm，料槽前高 30 cm，后高 50 cm，槽底部离地面 15 cm，底部呈 U 形。自由采食时，采食位宽 25 cm 即可；如果是限饲，则采食位以宽 40 cm 为宜。

（四）饮水设施

羊场要有完整的供水系统：取水设备、出水设备、水管网和用水设备。其中，用水设备包括水桶、固定式水槽、饮水器（饮水碗）。

1. 水桶　农户或小规模养殖场，在羊舍或运动场内将水桶作为最简易的用水设备，需要饲养员经常换水。为避免水桶被挤倒，推荐用铁环将其固定。

2. 固定式水槽　通常由砖石、水泥砂浆砌筑而成，也可购买用不锈钢、陶瓷或玻璃钢等其他材料制成的槽式饮水槽，底部留放水孔。一种方式是人工开启进水开关，待饮水深度不足时，重新补充饮水。另一种方式是在水槽内放置浮球，使之与进水口的开关连接，水位到达设定高度时开关被浮球关闭；水位较低时，浮球对开关施加的外力降低，开关自动开启，向水槽注入设定水位的饮水。山羊口腔残余饲草饲料进入水槽后，容易堵塞进水口与出水口，在进水口和出水口处布置过滤网，则能避免此类问题的发生。

3. 饮水碗　外形似碗，通常以铸铁、不锈钢或高强度塑料制成。在碗内侧上端有弹片式水阀，山羊用嘴部稍用力挤压，水即可流入碗内。饮水碗安装方便，安装高度成年羊在 40 cm，羔羊约 20 cm。饮水碗便于山羊自由饮水，使用寿命长，零部件易更换；缺点是残余饲料或其他杂物易沉入碗底，水压过大时容易飞溅，因此要经常清洗。

（五）粪尿沟

采用漏缝地板的羊舍，粪尿沟设在漏缝地板的下面，宽度与漏缝地板尺寸相当。采用实体地面羊床的羊舍，粪尿沟宽 30 cm，最浅处深 20 cm，沿流动方向向羊舍有 1‰～2‰ 的坡度。羊舍长度在 100 m 时，粪尿沟从两端向中部倾斜，应避免粪尿沟落差过大而增加土建投资。

二、附属设施设备

1. 草料库房　草料库房用于加工、调制、贮备精粗饲料，通常建在羊舍上方，便于取料，库房面积依据饲养规模而定。

2. 青贮窖　青贮窖的大小依据羊的饲养规模和饲喂量确定。青贮饲料容积通常为 $600～800\,kg/m^3$，每只羊配备 $0.5\,m^3$ 的青贮窖。

3. 药浴池　规模羊场应建有固定的药浴池。药浴池可用水泥、砖、石等材料砌成长方形，长 5～10 m，池顶宽 50～60 cm，池底宽 40～50 cm，以羊能单只通过，不能转身为宜，池深 1.0～1.2 m。药浴池入口处设漏斗形围栏，入口地面为一陡坡，这样羊走入时可迅速投入池中；出口地面也应有一定倾斜坡度，且需要做防滑处理。

4. 堆粪场和沼气池　在距羊舍 25 m 以上的下风向设堆粪场，堆粪场设有屋顶，防止雨淋，有条件的羊场应建沼气池对粪尿进行综合利用；如没有条件建沼气池，则必须建沉淀池或无害化处理池。

第四节　龙陵黄山羊羊舍环境调控

一、空气温度对羊的影响

（一）气温对羊生产力的影响

1. 影响繁殖力　高温能降低公羊的精液品质和性欲。将未剪毛的公羊置于32℃环境下饲养1周，其精子活力、活率和精子浓度均下降。高温使阴囊皮温和睾丸温度升高，精液品质恶化，这是一个渐进过程。高温影响1～2周，可见精液品质下降，高温影响4～5周时精液品质下降最严重，受高温影响7～9周后，精液品质才逐渐恢复。高温对母羊繁殖性能的影响是多方面的。在配种前后及整个妊娠期间，高温环境对母羊的繁殖性能均有不利的影响。高温可使母羊的发情受到抑制，表现为乏情或发情障碍，卵巢虽有活动，但不能产生成熟的卵子，也不排卵，影响受精率。

2. 影响生长育肥性能　羊群在适宜温度范围内，饲料利用率最高，育肥效果最好，饲养成本最低。气温高于临界温度时，羊体散热困难，体温升高，采食量下降，生长缓慢。气温低于临界温度时，羊体代谢率提高，采食量增加，饲料利用率下降。

（二）气温对羊健康的影响

冷应激或热应激都能使羊体对某些疾病的抵抗力下降，致使一般的非病原微生物也能引起羊群发病。

1. 直接诱发疾病　高温可使羊群患热痉挛、热射病，低温可致羊冻伤。气温大幅变化是羊呼吸道疾病发生的主要原因。寒冷刺激常使羔羊发生肺炎，并诱发鼻炎、肾炎等。

2. 影响羔羊的被动免疫　初生羔依赖于吸收初乳中的免疫球蛋白——抗体，以抵抗疾病。冷、热应激均可降低羔羊获得抗体的能力，使初乳中免疫球蛋白的水平下降。热应激也影响初乳的摄入，而且加速"肠道封闭"，妨碍初乳免疫球蛋白的吸收，这可能是由于热应激使血浆中糖皮质激素水平升高所致，进而影响羔羊的被动免疫，提高其发病率和死亡率。

二、空气湿度对羊的影响

在温度过高或过低的环境中，湿度对羊的健康会产生直接或间接的影响。在高湿环境中，羊的抵抗力下降，发病率与死亡率增加。高湿环境为病原微生物繁殖、感染、传播创造了条件，使羊群对传染性疾病的感染率增加，易造成传染病的流行。在对气温、湿度与病毒关系的研究中发现，在 15～25℃ 范围内，空气中病毒的感染力及其持久性没有明显差别；相对湿度较高时，病毒感染力较强。高湿环境促进病原性真菌、细菌和寄生虫的发育，使羊群易患疥、癣、湿疹等皮肤病。

高湿环境有利于霉菌的繁殖，造成饲料、垫草的霉烂。饲料在霉烂过程中，受多种霉菌的作用及不同饲料化学成分的影响，所产生的毒素也有所不同，可引起羊群出现消化障碍、神经系统病变或支气管炎，妊娠母羊易流产。在含水量 9% 以上饲料中的黄曲霉菌，气温 28～32℃、相对湿度 85% 以上时，产毒量最高。在低温高湿条件下，羊易患各种呼吸道疾病、神经痛、风湿病、关节炎、肌肉炎症等，消化道疾病也多在低温高湿的条件下发生。而在气温适宜或偏高的环境中，高湿有助于灰尘下沉，使空气较为洁净，对防止和控制呼吸道感染有利，并使肺炎的发生率下降。空气过分干燥，会使羊的皮肤和黏膜干裂，降低其对微生物的防卫能力，或导致灰尘较多，引起羊发生呼吸道疾病。

三、气流与气压对羊的影响

（一）气流对羊健康的影响

气流与气温或气湿结合，将对羊群的健康产生影响，其影响程度取决于风速大小、气温和气湿的高低。低温潮湿气流促使羊体大量散热，使其受冻，特别是作用于羊体局部的低温高速气流，对羊体危害更大，常引起冻伤、关节炎症及感冒，甚至肺炎等疾病。长期暴露在低温和大风的环境下，羊体温下降，特别是被剪毛和营养不良的家畜，甚至可能死亡。

（二）气压对羊健康和生产力的影响

气压若不超过 3 000～4 000Pa 时，对羊没有直接的影响。但当海拔升高到 2 000~3 000 m 时，由于气压下降，大气中氧分压也下降，致使肺泡中氧分压及血液中氧饱和度降低，引起羊体缺氧，表现为局部血管扩张，呼吸和心搏加快，黏膜和皮肤发绀，中枢神经系统机能障碍等。

四、环境因素的综合评定

在自然条件下，温度、湿度、风速、热辐射是综合作用于动物机体的。这些气候参数是同时存在的，某个参数的变化都会影响其他参数的数值，用单一的参数无法衡量其综合作用。为全面地反映羊体所处环境的优劣，通常用有效温度（effective temperature，ET）、温热指数（temperature - humidity index，THI）与风冷指数（wind chill index，WCI）来进行综合评定。

（一）有效温度

有效温度也称"实感温度"，是指能有效地代表环境温热程度的空气温度，即不同气温、气湿与气流在综合作用下，对机体热调节产生相同影响时的空气温度。例如，相对湿度为 100%，风速为 0 时的有效温度为 17.8℃；相对湿度为 80%，风速为 1 m/s 时，有效温度为 23.5℃。

（二）温热指数

温热指数是气温和气湿结合，用以估计炎热程度的一种指标，又称不适指数，普遍用于羊。计算公式为：

$$THI=0.72(T_d+T_w)+40.6$$

或
$$THI=T_d+0.36T_{dp}+41.2$$

或
$$THI=0.81T_d+(0.99T_d-14.3)RH+46.3$$

上列各式中 T_d 为干球温度（℃）；T_w 为湿球温度（℃）；T_{dp} 为露点（℃）；RH 为相对湿度。例如，干球温度为 35℃，RH 为 60%，则：

$$THI=0.81×35+(0.99×35-14.3)×0.6+46.3=86.86$$

THI 越大，表示热应激越严重。

（三）风冷指数

风冷指数，又称为风冷却指标，是气温和风速相结合以估计寒冷程度的一种指标。温度不变，改变风速会使皮肤的散热量发生改变，这种散热能力称为风冷却力，可用下式计算：

$$H=[\sqrt{100V}+10.45-V](33-T_a)\times 4.184$$

式中，H 为冷却力 [kJ/(m² · h) 散热量]，V 为风速（m/s）；T_a 为气温（℃）；33 代表无风时的皮肤温度（℃），4.184 为卡换算为焦耳的系数。例如，气温 0℃、风速 5 m/s 时，则有：

$$H=[\sqrt{100\times 5}+10.45-5](33-0)\times 4.184=3\ 840\ (kJ/m^2 \cdot h)$$

风冷却力可按下式转化为无风时的冷却温度。

$$T_a\ (℃)\ =33-H/92.324$$

例如，上例散热量为 3 841 kJ/(m² · h)，相当于无风时的冷却温度为：

$$T_a\ (℃)\ =33-3\ 841/92.324=-8.6$$

五、通风系统对环境的调控

通风可使羊舍温度和湿度保持在适宜范围内，将舍内有害气体成分控制在允许的范围内。在不同季节，通风换气的目的是不同的。夏季通风换气主要是为了从舍内带走大量的余热，以缓和高温对羊的不良影响；冬季通风换气则主要是为了引入舍外新鲜空气，排除舍内污浊空气和多余的水汽，以改善舍内的空气环境。夏季通风是为了防止舍内温度过高，必须尽可能排除多余的热量，所以需要采用最大通风量；冬季通风会造成一定热量损失，为节约能量，通常把冬季通风量限制在最低水平。

（一）羊舍的通风方式

1. 自然通风　自然通风可分为无管道通风和有管道通风两种方式。无管道自然通风系统经门窗开闭来实现通风换气，适用于温暖季节；有管道自然通风主要用于寒冷季节的封闭式羊舍，因门窗紧闭，必须要有专门的管道进行送风。

风压（通风）是指大气流动（刮风）时，作用于建筑物表面的压力。当风吹向建筑物表面时，羊舍迎风面形成正压，背风面形成负压，气流由正压区开口流入，由负压区开口排出，舍外风速越大，风向与（距离）设窗的墙面夹角（0～90°）越大，开口面积越大，则通风量也越大。

热压通风是指舍外气温低于舍内气温时，进入舍内的空气被加热变轻上升，使羊舍内部气压低于舍外，舍内空气由上部开口流出，舍外空气由下部开口流入，如此往复循环形成通风。通风量大小取决于舍内外温差、开口面积大小和上下开口的垂直距离。舍内温热空气由于浮力作用，向上经排气管道排出，新鲜空气经进气口进入舍内以补充废气的排出。在冬季，由于舍内外温差大，通风能力也最大，但在此期间要求的换气量最小，因此必须调节挡板调整进风口的大小。

热压换气是指舍外温度较低的空气进入舍内，遇到羊体散发的热能或其他热源时，受热变轻而上升，于是舍内近屋顶、天棚处形成较高的压力区，此时屋顶若有空隙，空气就会逸出舍外，与此同时，羊舍下部空气由于不断变热上升，形成了空气稀薄的空间，舍外较冷的空气不断渗入舍内，周而复始形成自然通风。

2. 机械通风　正压通风亦称为进气式通风，是通过风机将舍外新鲜空气强制送入舍内，使舍内气压升高，舍内污浊空气经风口或风管自然排出的换气方式。正压通风对羊舍密闭性要求不高，进风口集中，便于对进风进行加温、过滤等预处理；羊舍内的空气正压可阻止外部粉尘和微生物随空气从门窗等缝隙处进入污染羊舍环境，设施内卫生条件较好。缺点是出风口风速较高，易造成吹向动物的过高风速，舍内气流分布不均，不便采用大通风量。

负压通风是利用风机将舍内污浊空气抽出，因此也称为排气式通风或排风。由于舍内空气被抽走，变成稀薄的空间，压力相对舍外小，新鲜空气即可通过进气口或进气管流入舍内而形成舍内外空气交换，所以称为负压通风。负压通风系统比较简单，投资少，管理费用低，且易于实现大风量通风和舍内气流分布均匀。负压通风要求羊舍有较好的密闭性，与外界的卫生隔离较差。

联合通风是一种将正压通风和负压通风同时使用的通风方式，又称为进排气式通风系统或等压通风系统。大型封闭式羊舍，尤其是无窗式密闭舍，单一的机械通风方式往往达不到应有的换风效果，故需采用联合机械通风。

横向通风是将风机安装在羊舍的纵墙上，气流方向与羊舍横墙平行，称为横向通风。风机安装位置低，维护方便；适用长度较小，跨度相对较大的建筑。纵向通风是气流与羊舍的纵墙平行，在羊舍通风工程中，适应长度远大于跨度的羊舍的一种机械通风方式。纵向通风出现后，替代横向通风方式，成为一种在羊舍通风中得到大量采用的一种通风方式。

纵向通风舍内气流速度分布均匀，死角少；舍内气流流动断面积远比横向通风小，容易用较小的通风量获得较高的舍内气流速度，有利于在夏季通风中提高舍内风速，促进畜禽身体的散热；风机数量比横向通风少，节省设备和运行费用；排风口集中布置在羊场污道的一侧，避免并列羊舍因废气排放而交叉污染，有利于卫生防疫。由于相邻羊舍没有受到排气干扰和污染，羊舍的卫生防疫间距可大大缩小，有利于节约羊场建设用地和投资。纵向通风存在的缺点是空气温度等环境参数从进风口至出风口在纵向有较大变化。

六、羊舍卫生管理原则

1. 保持羊舍及周围环境卫生　及时清理羊舍的污水、污物和垃圾，定期打扫羊舍，清洁设备和用具，保持适当的通风，保证羊舍清洁卫生，不在羊舍周围和道路上堆放废弃物和垃圾。

2. 灭鼠防害　夏季使用化学杀虫剂防止昆虫滋生繁殖，治理场内污水坑、塘，消除蚊蝇滋生环境；必须注意灭鼠，防止老鼠污染饲料，消耗饲料，传播疾病。每2～3个月彻底灭鼠1次。

3. 严格隔离　对进入场区的外来物品、人员要严格消毒，一般无关人员限制进入场区，场区内禁止混养其他动物，以防交叉感染，相互传播疾病。对引进羊群实施严格检疫，隔离饲养，在隔离期间未发生疾病才能并群饲养。发病后要采取严格的隔离措施，将发病羊及与其亲密接触者分群隔离，禁止人畜流动。

第九章
龙陵黄山羊羊场废弃物处理与资源化利用

养羊生产与其他畜禽养殖相似，属于高风险行业，面临发生疫病的风险。因此，安全的卫生防疫成为任何一个羊场日常管理中最基本的工作。羊场既不能对环境造成污染，同时还须避免自身受外界环境的污染。羊群排放的粪尿对环境是一个潜在威胁，处理不当很可能导致羊场生产达不到预期的经济效益。因此，注重粪污的无害化处理、减量排放和资源化利用，对于养羊生产的可持续发展至关重要。

第一节 龙陵黄山羊羊场废弃物处理的基本原则

羊场废弃物的处理应按照减量化、无害化、资源化原则，污染物排放应符合《畜禽养殖业污染物排放标准》（GB 18596—2001）的规定。

1. 粪污减量化

（1）源头减量 在源头阶段合理规划本地区山羊养殖数量，即养殖规模适度，合理规划养殖与种植结构，提供营养均衡、易于消化利用的饲草饲料，采用设计合理的圈舍，积极采取种养结合的生态养殖模式，降低污染。

（2）过程控制 改变饲养方式，分阶段饲养，采取雨污分流、粪污固液分离、处理达标的污水回用措施，降低污水的化学需氧量（Chemical oxygen demand，COD）与生化需氧量（Biochemical oxygen demand，BOD）浓度，降低污水排放量，实现清洁生产。

（3）末端治理　在养殖末端，避免使用水冲粪与水泡粪清粪，尽量实施干清粪工艺，干粪采用堆肥发酵后直接还田，或添加辅料配制生产有机肥；污水采用沉淀、曝气、生物处理及人工湿地等进行处理，处理达标的污水用于灌溉或冲洗漏缝地板下残余粪污。

2. 粪污无害化处理　羊场有机废水浓度高，COD 高达 8 000～12 000 mg/L，BOD 可达 5 000～8 000 mg/L。废水进入自然水体后，使水中微生物含量升高，造成水体缺氧，水生生物死亡，最终导致水生生态功能衰退或丧失。此外，介水传染病的发生和流行，取决于水源被污染的程度和病菌在水中存在的时间。当水源受到大量污水经常性的污染时，极易造成传染病流行。因此，需要采取干燥、消毒、化学处理、好氧堆肥、沼气发酵等方式使废水实现无害化。

3. 粪污资源化　粪便中氮、磷含量高，所以粪污经无害化处理后，能被植物所利用。充分利用粪便中的氮、磷发展种植业，是实现养分循环利用，发展生态农业的重要措施。

第二节　龙陵黄山羊羊场废弃物的处理与利用

一、固态粪污的处理与利用

（一）直接还田

正常的动物废弃物不含有毒成分，是目前安全农产品生产所必需的重要有机肥来源。羊粪尿是优质的有机肥料，含有多种农作物生长必需的营养物质（氮、磷、钾等）及微量元素（硼、锰、锌、钴等），施用后能增加土壤的有机成分，促进土壤微生物的繁殖，改良土壤结构，提高肥力，从而使农作物生长良好。此外，土壤容纳和净化有机物的潜力很大，是处理羊粪便的良好场所，粪便在土壤中经过复杂的净化过程，可以变得无害，从而防止环境污染。但是，这种方法不能很快地杀灭病原微生物和寄生虫卵，使其在土壤中可以生存较长时间，可能造成人畜患病。

（二）粪便堆肥处理

堆肥是处理粪便的传统方式，是将粪及垫草等废弃物混合堆积，在一定条件下，经微生物发酵降解，使粪便转化为稳定的腐殖质。堆肥过程会产生大量的热量，可以将病原微生物和寄生虫卵杀灭，达到无害化处理的要求。

1. 堆肥发酵前处理　堆肥发酵物料最适含水率为 60％～65％，含水率低于 30％时微生物繁殖受到抑制；而含水率高于 70％则造成孔隙率低，空气不足。堆肥最适的碳氮比（C/N）是 20：1。堆肥微生物喜好微碱性，即 pH 7.0～8.0，可用石灰调整。

2. 发酵处理　堆肥发酵必须控制的条件包括养分、微生物、氧气、水分、温度、时间等。经好氧微生物发酵 4～5 d 就可使堆肥温度升高至 60～70℃（该温度可杀灭细菌和虫卵），2 周即可达到粪肥均匀分解，充分腐熟的目的。正常情况下，粪便中含有堆肥过程所必需的微生物，主要为细菌、丝状菌和放线菌三类。堆肥时，首先由中温性细菌、丝状菌分解糖类、蛋白质，产生高温；然后由嗜热性细菌、丝状菌和放线菌等进行分解；最后由中温性微生物继续分解而腐熟。

3. 堆肥时间　堆肥时间主要影响粪肥的安全性、稳定性和无害化程度。粪肥中的铵离子、尿酸等物质会对农作物的生长造成障碍，因此需要足够的堆肥时间来保证粪便的熟化，消除不利因素。由于堆肥温度、水分等环境因素差异大，夏季堆肥时间可以缩短，冬季则需适当延长堆肥时间。

4. 堆肥腐熟度的判定方法　根据堆肥过程温度变化情况判定：堆肥过程发酵产热，数天内温度急速上升，高温持续几天后下降，经几次翻堆及堆温上升、下降之后，堆温不再上升，可认为堆肥腐熟。在堆肥颜色呈黑褐色，物料原形轮廓消失，变得均匀细小，没有粪尿臭，有堆肥发酵味，呈干燥状态，手压不成块后，可认为堆肥已成功。

5. 堆肥的优缺点　粪便堆肥腐熟后还可以制成干肥，包装出售，也可以与化肥制成复合干肥，既保持有机粪肥作为肥料的特点，又兼具化肥快速供应养分的特点，提高化肥的利用率。堆肥发酵的优点是工艺简单，处理后的终产物臭气较少，易干燥，容易包装和施用；缺点是处理的过程有氨气损失，不能完全控制臭气，堆肥所需场地较大，处理时间长。

二、污水的处理与利用

污水处理需要考虑处理达标，注重资源化利用，考虑经济实用性（处理设施和占地面积、运行成本、二次污染）；污水处理设施与羊场主要建筑物同时设计、同时施工、同时使用；针对有机物氮、磷含量高的特点，污水处理应注重利用生物技术与生态工程。

（一）固液分离技术与设施

羊场排放的污水中悬浮物含量很高，达 1.6×10^5 mg/L，有机物含量也很高。如果粪污不用于沼气发酵，通常需要先进行固液分离，降低液体部分污染物的有机负荷。

1. 固液分离技术　固液分离通常选用筛滤、沉淀、离心、过滤、浮除、沉降或絮凝等技术。筛滤是一种根据畜禽粪便的粒度分布状况进行固液分离的方法。大于筛孔尺寸的固体物留在筛网表面，而液体和小于筛孔尺寸的固体物质则通过筛孔流出。固体的去除率取决于筛孔的大小，筛孔大则去除率低，反之则去除率高。粪便的粒度是确定筛孔孔径和总固体去除率的重要参数，它与饲料和粪便的新鲜程度有关。沉淀分离法是利用废水中各种物质密度不同而进行固液分离的一种方法。固液分离技术一般采用水泥、砖砌筑成的多级沉淀池，深度通常为 $0.6 \sim 0.8$ m。浮除（气浮）技术需要耗能，已较少采用。

2. 固液分离设施　筛网、隔栅、微滤和砂滤是筛滤所采用的设施。隔栅是由一组平行的金属栅条制成的金属框架，斜置于废水流经的渠道上，或泵站集水池的进口处，用以阻截大块的漂浮物和悬浮物，以避免堵塞水泵和沉淀池的排泥管。隔栅采用滤网阻留、去除废水中较细小的悬浮物。滤网一般由金属丝编制，常用的有旋流式滤网、振动筛式滤网等。微滤是利用多孔材料制成的整体型微孔管或微孔板来截留水中的细小悬浮物的装置。砂滤通常以鹅卵石作垫层，粒径 $0.5 \sim 1.2$ mm，以滤层厚度为 $1.0 \sim 1.3$ mm 的粒状介质为滤料，用于过滤细小的悬浮物。

（二）厌氧发酵处理工艺

1. 厌氧发酵的过程　厌氧发酵可分为四个阶段：①水解阶段。固体物质降解为可溶性的物质，大分子物质降解为小分子物质。②产酸阶段。碳水化合物降解为脂肪酸，主要是乙酸、丁酸和丙酸。③酸性衰退阶段。有机酸和溶解的含氮化合物分解成氨、胺、碳酸盐和少量的二氧化碳、氮气、甲烷和氢气，副产物还有硫化氢、吲哚、粪臭素和硫醇等，由于产氨细菌的活动，氨态氮浓度上升，pH 上升。④甲烷阶段。将有机酸转化为沼气。

2. 影响厌氧发酵的因素　厌氧发酵除必须保持厌氧条件外，还受到温度、pH 和重金属、抗菌药的影响。厌氧条件可划分为 3 个温度区：20℃以下、20～45℃和 45～60℃，沼气菌的活动温度以 35℃最活跃，此时产气快而多，发酵期约为 1 个月。有机物碳氮比例适当，在发酵液原料中，碳氮比一般为 25∶1。发酵液正常 pH 为 6.0～8.0，在 pH 6.5～7.5 时产气量最高；酸化期的 pH 在 5.0～6.5；甲烷期的 pH 在 7.0～8.5。发酵液中的重金属、抗菌药等物质可抑制发酵过程。

（三）好氧处理工艺

1. 活性污泥处理法　废水先通过初沉淀池，预先将一些悬浮固体去除，然后进入一个有曝气装置（池）的容器，活性污泥就在这种装置中将废水中 BOD 降解，并产生新的活性污泥。当 BOD 降到一定程度时，混合液流入二次沉淀池，进行固液分离，上清液排放，沉淀污泥一部分回流到曝气池中，其他排放。活性污泥处理污水的过程分为以下几个步骤。

（1）吸附作用　微生物活动分泌的多糖类黏质层包裹在活性污泥表面，使活性污泥具有很大的表面积和吸附力。活性污泥表面多糖类黏质层与废水接触后，短时间内便会大量吸附污水中的有机质。在初期，活性污泥对水体中有机物的吸附去除率很高。

（2）微生物分解有机物　活性污泥微生物以污水中各种有机物为营养，在有氧条件下分解水中有机物，将一部分有机物转化为稳定的无机物，另一部分合成为新的细胞物质。通过活性污泥微生物处理，去除水体中的有机物，使废水净化。

（3）絮凝体的形成与絮凝沉淀　污水中的有机物通过生物降解，一部分氧化分解形成二氧化碳和水，另一部分合成细胞物质成为菌体。利用重力沉淀法可使水体的菌体形成絮状沉淀，将菌体从水体中分离出来。活性污泥法处理过程中，污水和回流污泥从池首端流入，呈推流式至池末端流出。污水净化过程的第一阶段吸附和第二阶段的微生物代谢是在曝气池中连续进行的，进口处有机物浓度高，出口处有机物浓度低。

2. 批式活性污泥法　其特点是曝气池和沉降池合二为一，分批处理废水。基本工作周期包括进水、反应、沉淀、排水和闲置 5 个阶段。有效水深为 3～

5 m。进水和排水由水位控制，反应和沉淀由时间控制。一个运行周期为 4～12 h。批式活性污泥法池中交替出现缺氧和好氧状态，有利于脱磷和除磷。间隙曝气的模式不仅关系到处理的成败与效果，也关系到运行费用。通常采用的批式活性污泥法需要较高的基建投资和运行费用，但结构简单，投资小，控制灵活，可满足多种处理要求；活性污泥性状好，沉降效率高，污泥产率低（尤其有充分的闲置期时，内源呼吸将减少污泥量）；脱氮效果好，比氧化塘更具吸引力。

3. 人工湿地　人工湿地是一种人为地将石、砂、土壤、煤渣等一种或几种介质按一定比例构成基质，并有选择性地植入植物的污水处理生态系统。当污水流经人工湿地时，生长在低洼地或沼泽地的植物截留、吸附和吸收水体中的悬浮物、有机质和矿物质元素，并将它们转化为植物产品。在处理污水时，可将若干个人工湿地串联，组成人工湿地处理废水系统，该系统可大幅提高人工湿地处理废水的能力。人工湿地主要由碎石床、基质和水生植物组成。

4. 氧化塘处理法　氧化塘处理法是利用天然水体和土壤中的微生物、植物和动物的活动来降解废水中的有机物。国内氧化塘生物主要由菌类、藻类、水生植物、浮游生物、低级动物、鱼、虾、鸭、鹅等组成，将污水处理与利用相结合。按优势微生物对氧的需求程度，可以将氧化塘分为厌氧塘、曝气塘、兼性塘、好氧塘、水生植物塘和养殖塘。

（1）厌氧塘　水体有机质含量高，缺氧。水体中的有机物在厌氧菌作用下被分解产生沼气，沼气将污泥带到水面，形成一层浮渣，浮渣可保温和阻止光合作用，维持水体的厌氧环境。厌氧塘净化水质的速度慢，废水在氧化塘中停留的时间最长（30～50 d）。

（2）曝气塘　曝气塘是在池塘水面安装有人工曝气设备的氧化塘。曝气塘水深为 3～5 m，在一定水深范围内水体可维持好氧状态。废水在曝气塘停留时间为 3～8 d，曝气塘 BOD 负荷为 30～60 g/m³，BOD 去除率平均在 70%以上。

（3）兼性塘　水体上层含氧量高，中层和下层含氧量低。一般水深在 0.6～1.5 m，阳光可透过塘的上部水层。在池塘的上部水层，生长着藻类，藻类进行光合作用产生氧气，使上层水处于好氧状态。而在池塘中部和下部，由于阳光透入深度的限制，光合作用产生的氧气少，大气层中的氧气也难以进入，导致水体处于厌氧状态。因此，废水中的有机物主要在上层被好氧微生物氧化分解，而沉积在底层的固体和老化藻类被厌氧微生物发酵分解。废水在兼性塘内停留时间为 7～30 d，BOD 负荷为 2～10 g/(m² · d)，BOD 去除率为 75%～90%。

（4）好氧塘　水体含氧量多，水较浅，一般水深只有 0.2～0.4 m，阳光可以透过水层，直接射入塘底，塘内生长藻类，藻类的光合作用可向水体提供氧气，水面大气也可以向水体供氧。塘中的好氧菌在有氧环境中将有机物转化为无机物，从而使废水得到净化。好氧氧化塘所能承受的有机物负荷低，废水在塘内停留时间短，一般为 2～6 d，BOD 的去除率高，可达 80%～90%，塘内几乎无污泥沉积，主要用于废水的二级和三级处理。

（5）水生植物塘　主要是利用放养植物的代谢活动对污水进行净化。水生植物塘放养的植物应有较强的耐污能力，常用的水生植物有水葫芦、绿萍、芦苇、水葱等。水生植物对污水的净化途径是：吸收、贮存、富集大量的有机物，将有机物和矿物质转化为植物产品；捕集—积累—沉淀水体有机物；在水生植物根系表面形成大量生物膜，利用生物膜中的微生物吸附降解水体有机物。

（6）养殖塘　主要养殖鱼类及鸭、鹅等水禽。通过水产动植物的活动，将废水中的有机质转化为水产品。养殖塘深度在 2～3 m。水生植物以阳光为能源，进行光合作用分解污染物，浮游植物和浮游动物将水体中的植物产品和水体中有机物转化为鱼类饵料或畜禽饲料，最后通过畜禽和鱼类将水体有机物转化为动物产品。在利用养殖塘处理污水时，一般采用多塘串联，第一、二级池塘培养藻类和水生植物，第三、四级池塘培养浮游动物，第五级池塘放养鱼类和水禽。养殖塘只可处理富含有机质但不含重金属和累积性毒物的废水。

三、病死羊处理

1. 深埋法　是一种简单的处理方法，费用低，且不易产生气味。但埋尸坑易成为病原的贮藏地，并有可能污染地下水，因此必须深埋，而且要有良好的排水系统。深埋应选择高岗地带，坑深在 2 m 以上，在坑底、坑壁撒上石灰或其他消毒药，在尸体入坑后，尸体表面覆盖一层薄土，再撒上消毒药后，将土填平、压实，以防犬类刨食，造成病原扩散。

2. 高温处理　确认是炭疽、鼻疽、羊痘、羊快疫、狂犬病等传染病和恶性肿瘤或两个器官发现肿瘤的病羊尸体，从其他病羊割除下来的病变部位和内脏，以及患弓形虫病、梨形虫病、锥虫病等病羊的肉尸和内脏等，须进行高温处理。高温处理方法包括以下几种。

（1）湿法化制　利用湿化机，将整个尸体投入化制（熬制工业用油）。

（2）焚毁　将整个尸体或割除下来的病变部位和内脏投入焚化炉中烧毁炭化。

（3）高压蒸煮　将肉尸切成重量低于 2 kg、厚度不超过 8 cm 的肉块，在密闭高压锅内于 112kPa 压力下蒸煮 1.5～2 h。

（4）一般煮沸法　将肉尸切成规定大小的肉块，放在普通锅内煮沸 2～2.5 h。

3. 病死羊附属物的无害化处理

（1）血液　采用漂白粉消毒法，常用于处理患羊病毒性出血症等传染病及血液寄生虫病的病羊血液。可将 1 份漂白粉加入 4 份血液中充分搅拌，放置 24 h 后掩埋。也可进行高温处理，即将已凝固的血液切成豆腐方块，放入沸水中烧煮，至血块深部呈黑红色并成蜂窝状时为止。

（2）蹄、骨和角　肉尸做高温处理时，骨、蹄和角在高压锅内蒸煮至骨脱或脱脂为止。

（3）皮毛

①盐酸食盐溶液消毒　将 2.5％盐酸溶液和 15％食盐水溶液等量混合，将皮浸泡在溶液中，并使溶液温度保持在 30℃左右，浸泡 40 h，皮张与消毒液之比为 1∶10（m/V）。浸泡后捞出沥干，放入 2％氢氧化钠溶液中，以中和皮张上的酸，再用水冲洗后晾干。也可在 100 mL 25％食盐水溶液中加入 1 mL盐酸配制消毒液，在室温 15℃ 条件下浸泡 18 h，皮张与消毒液之比为 1∶4，浸泡后捞出沥干，再放入 1％氢氧化钠溶液中浸泡，以中和皮张上的酸，最后用水冲洗后晾干。

②过氧乙酸消毒　用于任何病畜的皮毛消毒。将皮毛放入新鲜配制的 2％过氧乙酸溶液中浸泡 30 min，捞出，用水冲洗后晾干。

③碱盐液浸泡消毒　将皮浸入含 5％氢氧化钠的饱和盐水内，于室温（17～20℃）浸泡 24 h，并随时加以搅拌，然后取出晾干，放入 5％盐酸溶液内浸泡，使皮上的酸碱中和，捞出，用水冲洗后晾干。

④石灰乳浸泡消毒　用于患螨病病羊皮肤的消毒。制法：将 1 份生石灰加 1 份水制成熟石灰，再用水配制成 10％或 5％的混悬液（石灰乳）。将皮浸入 5％石灰乳中浸泡 12 h，然后取出晾干。

（4）胎衣和胎盘　正常生产的母羊排出的胎衣、胎盘应进行深埋处理。如果是母羊由于疾病发生流产、早产而排出的胎衣，应按病畜尸体处理方法进行处理。

第十章
龙陵黄山羊开发利用与品牌建设

第一节　龙陵黄山羊品种资源
开发利用现状

通过 30 多年的保种选育工作，龙陵黄山羊已形成外貌特征典型、遗传性能稳定、生产性能好的地方优良品种。能繁母羊数量由 1982 年的 18 201 只增加到 73 965 只（2016 年年底），存栏数由 1982 年的 39 904 只增加到 170 189 只（2016 年年底）。已累计向昆明、曲靖、迪庆、怒江等地供种 1 万多只。龙陵黄山羊于 1985 年载入《中国家畜品种及其生态特征》，1987 年载入《云南省家畜家禽品种志》，1988 年载入《中国山羊》。2005 年云南省质量技术监督局发布了云南省地方标准《龙陵黄山羊养殖综合标准》（DB53/T142.1～142.6—2005）；2008 年龙陵黄山羊列入《中国畜禽遗传资源目录》，2009 年录入《云南省省级畜禽遗传资源保护名录》（云南省农业厅公告 2009 年第 15 号）；2011 年列入《国家畜禽遗传资源志·羊志》，同时被评为云南省"六大名羊"，是农业部向全国推荐的十大肉用山羊之一；2012 年龙陵县申请注册了"龙陵黄山羊"商标；2014 年 2 月 14 日，龙陵黄山羊录入《国家畜禽遗传资源保护名录》；2014 年 11 月龙陵黄山羊被评为保山市知名商标，2015 年 3 月龙陵黄山羊核心种羊场被农业部确定为第四批国家级畜禽遗传资源保种场（编号：C5303019，农业部公告第 2234 号）；2016 年 1 月龙陵黄山羊被评为云南省著名商标，同年 6 月取得云南省农业厅颁发的《产地认定证书》，11 月取得农业部农产品质量安全中心颁发的《无公害农产品证书》，为龙陵黄山羊的保护和开发利用提供了有力的技术支持和法律保障。

目前龙陵县有天宁乡梦获肉制品加工厂一个，年加工量约 20 t，约占全县羊肉产量的 2%。此外，还有云南龙陵济宽黄山羊有限责任公司的龙陵黄山羊精品农业庄园，该庄园配套基础设施和冷链物流，新建日屠宰加工黄山羊 500 只生产线及冷链物流、"龙陵黄山羊"文化休闲展示中心、"龙陵黄山羊"精品会所。

第二节　龙陵黄山羊品种资源开发利用前景与品牌建设

一、应用前景

龙陵县针对地方品种退化，肉山羊良种缺乏的实际，采用先进技术和方法加速龙陵黄山羊的选育提高，有目的、有计划地把优秀个体所携带的优良性状基因迅速扩散为群体具有的特点，达到统一体型外貌、提高生产性能和繁殖性能的目的。应用前景表现在：一是通过龙陵黄山羊良种繁育基地建设，具备批量提供优良种羊的能力，对云南全省、全国的山羊生产和山羊改良提供了种质资源；二是通过实施"云南肉羊肉牛产业化关键技术研究与集成示范"项目——"龙陵县黄山羊高效繁育技术集成与示范"子课题，掌握了龙陵黄山羊生产中宝贵的第一手资料，积累了科学的实验数据，对提高养羊业生产技术水平具有重要意义；三是引进胚胎移植技术获得成功，为龙陵黄山羊保种开辟了新途径，现已保存胚胎 246 枚，冻精 3 504 剂。2002—2003 年，在云南畜牧兽医研究院的主持下，选择 40 只供体母羊做超数排卵处理，配种后对 36 只供体母羊进行采胚，共采出可用胚胎 190 枚，平均每只供体母羊采出可用胚胎 5.3 枚，最高达 26 枚。移植到 102 只受体母羊中，受孕 55 只，流产 13 只，产羔 74 只，受胎率为 54%，产羔率为 135%。

二、推进园区建设

龙陵县采取 PPP 项目运作方式，推进龙陵县生物资源产业园区建设步伐；以省级农业产业化经营龙头企业——云南龙陵济宽黄山羊有限责任公司为引领，根据市场多元化需求，结合原料供给，着力发展农特产品加工，加快发展精深加工，推进高原农特产品生产；支持农业龙头企业依托产业基地，推进生产、加工、营销一体化的全产业链发展；按照"基地化、规模化、品牌化"的要求，加工适销对路的黄山羊肉制品。

三、着力打造品牌

龙陵县把培育农业品牌作为转变农业发展方式和提升产业化水平的主攻方向，积极培育优势农业产业，申报"全国知名品牌创建示范区""国家地理标志产品保护"等国家级、省级区域品牌，积极指导和帮助农业企业申报"中国驰名商标""国家地理标志证明商标""云南省著名商标""云南名牌产品""云南名牌农产品"；继续推进无公害农产品、绿色食品、有机食品、农产品地理标志"三品一标"认证；实施质量品牌提升行动，加快农产品体系建设；以完善农产品初加工、综合利用和主食加工标准为重点，加快农产品加工标准体系建设，鼓励加工企业等新型经营主体建立 ISO900、HACCP 等全面质量管理体系，导入卓越绩效管理模式等先进质量管理方法，推动农产品加工标准化生产；抓住龙陵黄山羊作为国家地理标志产品、云南省著名商标和保山市知名商标的优势，加大品牌宣传推介力度，将产品优势转变为市场优势，将质量和信誉凝结成品牌，以品牌的影响力提升产品的市场竞争力；深入推进农业标准化示范区项目建设，从传统的分散无序养殖向集约化、规模化、规范化、标准化养殖方向发展，推进龙陵县传统农业产业结构战略性调整，提高生产效益，使全县农业生产标准化普及率达 95％以上。

四、积极开拓市场

龙陵县抓住各类产品展销会契机，组织好经营主体参加展销，展特色、展精品、展效益、展品牌，提升农产品市场竞争力；充分利用国内外资源、市场，加大龙陵黄山羊高原特色优势农产品开拓力度；争取项目，建设农产品烘干、冷藏、运输、配送、电子商务等新型物流设施，降低成本，提高流通效率；紧紧抓住弘扬龙陵抗战文化的机遇，依托"龙陵黄山羊"获得国家地理标志认定、被列入《国家级畜禽遗传资源保护名录》和《云南省省级畜禽遗传资源保护名录》、被评选为云南省"六大名羊"之一的优势，加大传播龙陵黄山羊的文化力度，宣传龙陵黄山羊特性和美食文化，通过"经贸搭台，企业唱戏"方法，举办龙陵黄山羊文化美食节、龙陵黄山羊斗羊节、龙陵黄山羊生态养殖观光等活动。

龙陵县畜牧部门同云南农业大学、云南省畜牧兽医科学院、云南省家畜品种改良站、云南省草山饲料工作站等多家科研单位合作，对龙陵黄山羊做了大量的研究工作，主要包括龙陵黄山羊选育鉴定标准研究、龙陵黄山羊引种适应性观察、龙陵黄山羊遗传背景研究、龙陵黄山羊屠宰性能及肉质研究、龙陵黄山羊疾病防治研究、龙陵黄山羊寄生虫病防治研究及优质牧草品种引进试验研究等。此外，还对龙陵黄山羊新品系培育及育种基地建设进行了初步实践，积极参与"云南肉山羊品种选育及配套技术的研究与应用"课题的实施，采用胚胎移植技术，加速育种进程。此外，龙陵县注册成立了云南龙陵济宽黄山羊有限责任公司，建设了龙陵黄山羊精品庄园，建成日屠宰加工 500 只活羊生产线一条；组建了济民黄山羊养殖合作联合社，把全县的各黄山羊养殖专业合作社有机地联合起来。龙陵县的黄山羊产业发展形成了公司＋联合社＋合作社＋基地＋养殖户的联盟机制，将有力地推动龙陵黄山羊特色产业稳步发展。

参 考 文 献

陈韬，彭和禄，谭丽勤，等，1996. 龙陵黄山羊屠宰性能及肉质研究 [J]. 云南农业大学
　　学报，11 (3)：162 - 167.

蒋英，陶雍，1988. 中国山羊 [M]. 西安：陕西科学技术出版社.

罗启龙，文际坤，王辛，等，1987. 云南省家畜家禽品种志 [M]. 昆明：云南科技出
　　版社.

叶绍辉，洪琼花，苏雷，等，2013. 云南肉羊生产实用技术 [M]. 昆明：云南科技出
　　版社.

叶绍辉，彭和禄，林世英，等，1996. 云南龙陵黄山羊染色体研究初报 [J]. 云南农业大
　　学学报，11 (2)：96 - 99.

叶绍辉，彭和禄，王文，等，1996. 云南龙陵黄山羊线粒体 DNA 限制性酶切分析 [J]. 云
　　南农业大学学报，14 (1)：54 - 57.

袁跃云，孙利民，叶绍辉，等，2015. 云南省畜禽遗传资源志 [M]. 昆明：云南科技出
　　版社.

郑丕留，1985. 中国家畜品种及其生态特征 [M]. 北京：农业出版社.

祝应良，杨云艳，董鹏飞，等，2016. 不同蛋白水平育肥龙陵黄山羊羯羊试验报告 [J].
　　当代畜牧 (10)：14 - 16.